丛书主编：霞子

万物皆有理

海洋中的物理

李新正　张立　著

电子工业出版社

Publishing House of Electronics Industry

北京·BEIJING

图书在版编目（CIP）数据

万物皆有理 . 海洋中的物理 / 李新正，张立著 . —北京：电子工业出版社，2023.2

ISBN 978-7-121-44993-2

Ⅰ . ①万… Ⅱ . ①李… ②张… Ⅲ . ①物理学 – 少儿读物 Ⅳ . ① O4-49

中国国家版本馆 CIP 数据核字（2023）第 008479 号

审图号：GS 京（2023）0337 号

责任编辑：仝赛赛　吴宏丽　文字编辑：马　杰　常魏巍
印　　　刷：河北迅捷佳彩印刷有限公司
装　　　订：河北迅捷佳彩印刷有限公司
出版发行：电子工业出版社
　　　　　北京市海淀区万寿路 173 信箱　　邮编：100036
开　　本：889×1194　1/16　印张：12.5　字数：260 千字
版　　次：2023 年 2 月第 1 版
印　　次：2023 年 2 月第 1 次印刷
定　　价：160.00 元

凡所购买电子工业出版社图书有缺损问题，请向购买书店调换。若书店售缺，请与本社发行部联系，联系及邮购电话：（010）88254888，88258888。

质量投诉请发邮件至 zlts@phei.com.cn，盗版侵权举报请发邮件至 dbqq@phei.com.cn。

本书咨询联系方式：（010）88254510，tongss@phei.com.cn。

大千世界中有无数千奇百怪的自然现象，这些看起来似乎是偶然的、独立的，其实"万物皆有理"。物理，是人类探寻万物运动规律和物质基本结构的一门学问，是人类认识世界和发展科技最基础的理论支撑，是青少年在成长过程中必须掌握的知识体系。

很多初中低年级学生和小学生对物理不感兴趣，觉得它枯燥难懂。这在很大程度上是由于最初的物理启蒙不足。单刀直入地传授物理知识，容易让孩子们望而生畏。《万物皆有理》就是一套衔接小学科学课和初中物理课的富有故事性的科普读物。

没有科普的沃土滋养，就没有科学幻想的繁花似锦。所以，进行物理启蒙教育，是激发青少年探索自然秘密的奠基工程，是从根本上提高青少年科学探索兴趣和想象力的有力措施。

这套书以传播物理知识、培养科学的思维方式、传递科学思想、科学精神为中心，通过科学家"大手拉小手"的方式，引导青少年从身边的生活、地球、海洋、天文、大气等不同领域，用"十万个为什么"的思考方式，探寻其中的物理原理和自然规律，了解科技史，领略科学家奇思妙想的由来，打开对未来科学发展的想象空间。大自然是神奇的，科学是不断进步的，很多未解之谜还等待着我们去发现和探索。

少年强则国强。少年强不仅仅在于他们掌握了多少科学知识，更重要的是科学思维方式的建立，以及崇高人文情怀的培育。

编　者

目录

海洋画像

  海洋，以庞然之姿占据着地球的大部分表面，吸引着我们的注意力。她是地球生命的摇篮，她与风做伴，影响着大气；她与陆地拥抱、渗透、汇集、嬉戏，给地球注入活力、融入生命、与无数生灵共呼吸；她是我们赖以生存的家园，成就了我们的生活和梦想。我们要认识海洋，就像我们必须认识自己一样，她的形象与内在，她的美丽或荒凉之前的演化蜕变，她的平静或暴怒背后的缘由，还有她那深邃黑暗不可测度的本底，都在吸引着我们、召唤着我们……。如果你对这一切好奇，就让我们翻开第一页，一起来认识海洋。从太空看，地球是一颗美丽的蓝色星球，因为它表面积的71%左右被蓝色的海洋所覆盖。地球就像一颗大水球，这在太阳系中是独一无二的。

  海洋的水量约占地球总水量的97%，是资源的宝库，是地球上生命的摇篮。海洋与人类的生活息息相关：海水的温度和蒸发速度决定着地球的气候；潮汐和洋流影响着船只的航行；许多海洋生物是人类的重要食物；风暴潮、海啸等自然灾害也严重威胁着人类的生活。随着环境恶化、陆地资源短缺等问题的出现，人类对海洋的开发和利用达到了一个新高度。

● 在太空中看到的地球

海洋的总面积约为 3.6 亿平方千米，平均深度约为 3800 米，总体积约为 13.7 亿立方千米，是高于海平面的陆地总体积的 11 倍左右。

地球上的海洋是连通在一起的，但被陆地分隔成相对独立的几大块，分别是太平洋、大西洋、印度洋和北冰洋，太平洋、大西洋和印度洋的南部靠近南极洲的部分，也经常被称为南大洋。

🦀 马里亚纳海沟

海洋的最深处在马里亚纳海沟，仪器探测到马里亚纳海沟的最深水深是 11034 米。2020 年 12 月 8 日，中国和尼泊尔共同宣布位于欧亚大陆中部的喜马拉雅山的最高峰——珠穆朗玛峰，最新测量到的高程约为 8848.86 米。也就是说，如果将珠穆朗玛峰在海平面以上的部分倒放在马里亚纳海沟的水平面上，它的峰顶离海沟沟底还有 2100 多米，可见马里亚纳海沟有多深。

2020 年 11 月 10 日，我国的载人深潜器"奋斗者"号在西太平洋的马里亚纳海沟下潜到了 10909 米的深度，创造了载人深潜器下潜的最深纪录，这是一个了不起的成就，标志着我国的深海考察与探测能力已位居世界前列。

在与陆地相邻的地方，有相对平坦、坡度较小的大陆架。

大陆坡向下延伸至约 4000 米水深时，就到了海洋的洋底——海盆。海盆十分广阔，既有广阔平坦的海底平原，又有大量凹凸不平的海底丘陵、海山和大洋中脊。

● 大陆架、大陆坡、海盆

大陆架向海洋里延伸至大约 200 米时，海底的坡度突然变得陡峭，直到海盆。这个陡峭的斜坡就是大陆坡。

🦀 海洋生物

地球生命起源于海洋。

海洋就像个巨大的"鱼缸"，里面有无数种生物，大到蓝鲸，小到只有在电子显微镜下才能看到的细菌、病毒等。迄今为止，我们在地球上发现的 34 个动物门类中，有 33 个门类的部分或全部物种生活在海洋里。根据 2012 年 100 多位海洋生物分类学家的统计，在海洋中生活着约 26.2 万种动物、植物、真菌等真核生物，放线菌、蓝藻、细菌等原核生物更是不计其数。

🦀 海洋的地貌环境

　　海中有山吗？有。海山是海盆中相对陡峭的凸起，通常高出洋底1000米以上，如果海山很高，顶端伸出了海平面，就会形成海洋中的海岛。如果大陆架上凸起的部分露出了海面，那么露出海面的部分就是大陆岛，也称为海岛。海底丘陵是海盆中相对平缓的凸起，通常高出海底不超过1000米。大洋中脊则是大洋中连绵不断的隆起，沿大洋中脊排列着大量的海底火山或者热液喷口。大洋中脊是海底扩张形成的。我们知道，地球表面被厚度为1000千米以上的大气层所包裹，大气层下方就是固态的地壳，海底的地壳称为洋壳。地壳的下方是炽热的地幔。陆地的地壳厚度大约为17千米，海底的洋壳的厚度只有6千米左右，海底的洋壳比陆地的地壳薄得多。

　　洋壳较为薄弱的地方很容易渗出地幔中的岩浆，如果渗出得非常激烈，就会造成海底火山的喷发；如果渗出得较为温和，则会形成海底热液。

● 海底火山喷发

马里亚纳海沟是西太平洋板块向欧亚大陆板块下方俯冲形成的，是地球上最深的海沟。海沟往往很深，常超过海盆的平均水深4000米，因此被称为深渊区，而超过6000米的深渊区则被称为超深渊区。

洋壳的下方是炽热的地幔，因此，洋壳板块就像漂浮在黏稠的半固体半液体上面的石板一样，会因为地幔的运动而发生碰撞、挤压。

大洋中脊

洋壳薄弱的部分常常会连成线，线上排列着一系列的海底火山和热液喷口，喷出的岩浆等内部物质堆积在喷口，就形成了海底的大洋中脊。由于大洋中脊上的火山和热液喷口不断喷发出岩浆等物质，能将两边的洋壳向外侧推，因此，洋壳在不停地发生着变动。海底的大洋中脊将洋壳分成了大大小小不同的板块。

海水为什么会环流

地球自转是形成大洋环流的主要原因。地球在围绕太阳公转的同时，也在不停地自西向东自转，每24小时自转一周。由于海水是液体，受惯性的作用，地球在自西向东自转时，地球表面的海水就会自东向西流动。海洋被陆地分隔成相对独立的大洋，随着海水的流动，大洋东部的海水就会变少，西部的海水会变多，因此大洋西部的海水就会在重力的作用下回流到大洋东部，补充东部的海水，这样就形成了大洋环流。

海洋表层有水平方向的环流，不同的深度间也有环流，也就是上升流和下降流。因为陆地的阻隔，环流会改变方向。因此，海洋环流是个十分复杂的水流系统。通过洋流携带分配到海洋各处的物质有很大不同，使得不同海区海水的化学性质、生物种类和数量也变得复杂多样。

海洋也是变幻莫测的水体，温顺时风平浪静，一旦发起脾气来，就会巨浪滔天，有时也会波及陆地，造成水涝，或造成干旱。

海洋不但给人类提供了大量的海产品，如鱼、虾、贝、藻，而且蕴藏着巨量的矿藏，如食盐、工业用盐、有色金属、石油等。海洋蕴含着巨大的能量，这些能量可以用来发电，如海浪发电、潮汐发电、洋流发电等。对海洋资源的开发是人类发展的必经之路。保护海洋环境，合理开发海洋资源，"关注海洋、认识海洋、经略海洋"，已是我国的重要蓝在巨大的地幔运动作用下，有的洋壳板块会被挤到其他洋壳板块或者大陆板块的下方，插到板块下方的地方被称为俯冲带，俯冲带由于下插作用形成了海沟。

自然界的水循环就是由太阳、地表水和大气的相互作用来驱动的。太阳光辐射到海洋和陆地的江河湖泊表面，使水分蒸发到大气中，水蒸气在上述过程中聚合在一起，就形成了云。云被大气通过风的形式输送到各处，在大气层不同高度、不同温度的作用下形成雨雪，降落回地表。其中，降落到地表上的一部分雨水汇流到河里，被河流带到大海中，如此就形成了水循环。

相比海水，自然界的淡水非常少，还不到总水量的 3%。最大的淡水资源是两极的冰川，还有一些淡水储存在地下或岩石中，可供人类和动物饮用的淡水还不到淡水资源的 5%。所以，节约用水、保护水源是非常重要的举措。

色海洋发展战略。

　　我国不但有约 960 万平方千米的陆地国土，还有约 300 万平方千米的管辖海域，也就是蓝色国土。从蓝色国土的面积看，我国是海洋大国，但从人均水平看，我国是非常缺乏海洋资源的。这就使得我们更要保护好海洋资源，更好地利用有限的海洋资源。要做到这一点，就需要我们充分认识和掌握海洋的特点。

海水的运动

百川归海，潮起潮落。地球上的水千变万化、奔涌流动，如人类的血液系统一样循环往复，它被污染、被融合，它也在净化、在生成，它裹挟着能量，象征着生命，永不止息。我们享受着海洋运动带来的福祉、大洋环流促进了全球气候系统的建立，冷暖流交汇孕育了资源丰沛的渔场，海潮的涌动带来了丰富的能量……我们也警惕着海洋的暴戾，建立各种监测系统，预警台风、海啸、风暴潮……只有认识海洋，才能更好地与它和平共处，才能得到它可持续的资源供应和长久的祝福。

漂流瓶是如何旅行的

你听说过漂流瓶吗？有人会把一封信或某个物品装入一只空玻璃瓶中，封好瓶口，放入大海，这就是漂流瓶。这只漂流瓶会随着大海的波涛漂向远方，如果在旅途中没有被汹涌的海浪打碎，几天、几个月，甚至几百年后，它会在地球某处的沙滩上被某个人捡到，里面的信或者物品会被人看到。于是，投放这只漂流瓶的人的目的就达到了。

使用漂流瓶送信的方式是玻璃瓶被发明后才出现的。在早期，当人们思念海对面的亲人时，就把信放在玻璃瓶中封好，放入大海，希望它能随着大海的波涛漂洋过海，把信送到亲人的手中。后来人们发现，这种传信方式很不靠谱，几乎没有收信人能收到使用漂流瓶送来的信。

🦀 洋流助力漂流瓶旅行

漂流瓶是如何在大海中旅行的呢？

要想回答这个问题，需要了解海洋运动的基本特征——洋流和大洋环流。

海洋是奔腾不息的。地球上整个海洋都是相通的，海水一直在流动。可以说，现在任何一个海域中的任何一个水分子一段时间后在地球上其他任何一处海域出现的可能性都是存在的。

但是，海水的流动并非毫无章法，而是受到地球自转、月球和太阳的引力、太阳黑子、太阳光强、气候、大气循环、地震、海底火山爆发、陆地和海岛的阻隔、水团密度、海底地貌、水温变化等多个因素的影响。例如，月球和太阳的引力会使海水形成半日潮或者全日潮，有规律地潮涨潮落，而地球自转和大陆、海岛对海水流动的阻隔作用，则造成了海水常年有规律地流动，这就是洋流；海洋中所有的洋流都是互相连通的，并且一直在循环往复地流动，因此形成了大洋环流。

15 世纪末，西班牙著名航海家哥伦布率领航海船队到达美洲，发现新大陆之后，在返回西班牙途中遇到了一场剧烈的风暴，他担心自己和船队会被大海吞噬，于是，他把他的笔记、向西班牙女王交代发现新大陆的报告和信，连同他绘制的一张美洲沿岸地图一起密封在一个酒桶中，投掷到大西洋的美洲海域里，相当于制作并投放了一只桶状的漂流瓶。不到一年，他安全地回到了西班牙，而那只漂流桶早已不知去向。直到 300 多年后的 19 世纪 50 年代，这个特别的"漂流瓶"才在地中海的直布罗陀海峡被一位船长发现。这算得上是有记录的漂流时间最长的"漂流瓶"了。

洋流虽然在流速和流量上有季节性变化，但流过的路径基本保持不变。大洋环流主要受地球自转的影响，因为地球是一颗以南极点、北极点穿过地球内部的连线为中心轴自西向东自转的星球，由于流体的惯性，地球表面的海水整体上就会自东向西流动，这就是每个大洋或者海湾西岸的海平面高于东岸的海平面的缘故，因为海水流到西岸时，被西岸的陆地挡住了。例如，位于北美洲和南美洲之间的巴拿马地峡，其东侧是大西洋西岸，西侧是太平洋东岸，其东侧的大西洋水位要比西侧的太平洋水位高 3～6 米（考虑到涨落潮因素，不同时间落差不同）。大洋西部被陆地挡住的海水在后续海水流动的压力下，会沿海岸向两侧流动，并且在科氏力的作用下，南北半球的洋流分别向左或者向右偏转，而太平洋东部的海水流向西部后变少，使得海面降低，流到西部的海水就会在重力（地心引力）的作用下沿特定的路径流回到东部，补充东部的海水，这样循环往复，海水就流动起来了，并且亿万年来一直流动着。

太平洋赤道两侧有两条自东向西的洋流，分别是北赤道流和南赤道流。

北赤道流到达太平洋西岸，受到欧亚大陆的阻挡后，分叉流向南北方向，往南流的分支沿赤道自西向东流回太平洋东部，这个洋流被称为北赤道逆流；往北流的分支就是流经我国东海外侧著名的西北太平洋暖流——黑潮，黑潮沿日本南岸自西向东流回太平洋东部，称为北太平洋流，到达东北太平洋北美洲外海时称为加利福尼亚流。

南赤道流到达太平洋西岸后被澳洲大陆阻挡，分叉流向南北方向，往北流的分支沿赤道自西向东流回太平洋东部，即南赤道逆流，往南流的分支称为东澳大利亚流，大约在新西兰南部转为自西向东的洋流，称为西风漂流，流回太平洋东部。靠近赤道的表层洋流由于受太阳光辐射多，因此水温较高，称为暖流，如南、北赤道流和南、北赤道逆流；而远离赤道的洋流，由于从暖流到达高纬度海域后，受太阳光辐射少，水温会迅速下降，因此称为寒流，如加利福尼亚流和西风漂流。

由于影响因素多，洋流非常复杂，有表层流、次表层流、深层流、潜流、上升流、下沉流等，它们构成了洋流系统。虽然洋流系统很复杂，但每条洋流都有固定的路径、固定的名称。

大洋洋流的流经路径是基本固定的，但洋流的宽度、径流量、影响范围还因季节、大气环流的影响而发生变化，其中小的洋流又会受到地形地貌、天气、大的洋流变化的影响，使得流向、强度在不断发生复杂的变化。

所以，如果随便把一只漂流瓶放入大海，那漂流瓶不一定会漂到哪里，也不能确定什么时候靠岸，被人捡到。当然，如果放漂流瓶的人对洋流有所了解，那么，漂流瓶漂流成功的可能性就会大很多。

N
N
0°
S
S

0°　　　　60°E　　　120°E　　　180°　　　120°W　　　60°W　　　0°

本格拉流
北赤道流
西南季风流
印尼贯穿流
南赤道流
印度洋
南印度洋流
南极绕极流

亲潮
北太平洋流
黑潮
北赤道流
北赤道逆流
南赤道逆流
太平洋
南赤道流
南极绕极流

阿拉斯加流
加利福尼亚流

北大西洋流
湾流
加那利流
北赤道流
南赤道流
大西洋
秘鲁沿岸流
巴西沿岸流
南极绕极流

● 全球海洋表层流示意图

整个海洋的洋流密切联系在一起，各大洋之间均有洋流相通，使得各大洋之间通畅地进行水的交换，形成整个地球海洋的洋流系统。

与表层流相似，海洋的深层也有洋流涌动，与表层流、次表层流等形成严密的洋流网体系。可以看出，全球海洋中不仅不同地点的海水在不断交换，不同深度、不同层次的海水也在不断交换。

● 全球海洋表层流与深层流形成的洋流循环示意图

🔆 知识小卡片

洋流 海洋日夜流动、奔腾不息。海水的流动并非毫无章法，而是受到地球自转、月球和太阳的引力、太阳黑子、太阳光强、气候、大气循环、地震、海底火山爆发、陆地和海岛的阻隔、水团密度、海底地貌、水温变化等因素的影响，例如，月球和太阳的引力会使海水形成半日潮或者全日潮，有规律地潮涨潮落，而地球自转和大陆、海岛对海水流动的阻隔作用，形成了海水常年有规律地流动，这就是洋流。

是谁给海底带来了氧气

陆地上的高等动物是用肺直接呼吸空气中的氧气的，而除在海水中生活的鲸类、海豚、海豹等海洋哺乳动物仍然用肺呼吸空气中的氧气外，大部分水生动物（海洋动物、淡水动物等）是用鳃呼吸溶解在水中的氧气（溶解氧）的，这是陆地动物与水生动物的最大差别之一。

🦀 海水中的溶解氧

海水中的溶解氧是空气在海浪的作用下进入海水中，或者海洋上层的藻类和光合细菌进行光合作用时释放的。无论是哪种方式，溶解氧的产生都是在海洋的表层和上层。在静止的水体中，越接近水面，溶解氧的浓度越高，而水下越深的地方，距离水面越远，水压越大，溶解氧因扩散距离远，其浓度也就越低。与此同时，如果水体接触空气的面积越大，溶解到水中的氧就越多，因此，水体如果翻腾，那么水体表面的溶解氧就会被带到水体的深处。

很多家庭都有养观赏鱼的爱好，他们通常会在鱼缸中放一个加氧器，加氧器实际上加的是空气。空气中有约21%的成分是氧气，加氧器不断地通过小管子把空气加到鱼缸的底部，大量气泡就会在水中生成，这样不但增加了鱼缸中水接触空气的面积，也使鱼缸底部的水接触到了空气，从而让鱼缸中的水溶解到了更多的氧气，提高了水中的溶解氧浓度，让鱼缸中的观赏鱼更自由、充分地呼吸。

🦀 深海也有海洋生物

由于潮汐和风的影响，海洋一直有浪，这就增加了海洋表面接触空气的面积，加上海洋面积巨大，占地球表面积的71%左右，因此海洋上层有大量的溶解氧。虽然如此，单靠扩散作用，溶解氧是很难到达海洋的中层和下层的，中下层的海洋动物很可能会因为缺氧而无法生存。这也是水越深，海洋生物的种类和数量就越少的主要原因之一，因而，在相当长的历史时期内，海洋生物学界普遍认为深海是生物的"沙漠"，而英国著名的海洋生物学家爱德华·福布斯在1839年更是将海洋550米水深以下的部分称为"深海无生命地带"。这一论断曾经"统治"海洋生物学界很多年。那时人们相信，550米水深以下的深海严重缺氧，没有生物能够存活。

然而，深海考察已经发现，深海中有很多动物种类，如海绵、珊瑚、铠甲虾、海参、海蛇尾、海百合等大型动物，有孔虫等小型动物，它们都生活得好好的，并没有因为缺氧而死。

随着科技的发展，人类的海洋探测早已到达深海，我国的万米载人深潜器"奋斗者"号已到达10909米的大海深处，创造了世界纪录。深海考察已经确定，即使在海洋中最深的马里亚纳海沟也是有动物生存的，甚至有大型海参在活动，它们也是需要呼吸海水中的溶解氧的，而深海那么深，深海里的溶解氧来自哪里？深海的动物会不会因为缺氧而死呢？答案是，不会。

🦀 垂直向的大洋环流

　　深海中之所以有充足的溶解氧，是因为有大洋环流，海洋的洋流不但有水平运动形成的大洋环流，也有垂直运动形成的大洋环流。垂直向大洋环流的形成和运动也是地球自转、月球和太阳的引力、太阳黑子、太阳光强、气候、大气循环、地震、海底火山爆发、陆地和海岛的阻隔、水团密度、海底地貌、水温变化等因素造成的，而且大洋环流很有规律，总是沿着固定的流向和路径日夜流动。垂直向的大洋环流与表层流、次表层流等形成严密的洋流网体系，也就是说，一团水有时平流，有时下沉，有时上升，一直在不停地流动着。

　　全球海洋不仅不同地点的海水在不断交换，不同深度、不同层次的海水也在不断交换。事实证明，浅海的海水会被俯冲下沉的洋流带到深海，而深海的海水也会被上升的洋流带到浅海。大海表层的溶解氧就这样被洋流带到了深海。例如，靠近南极的大洋的海水，由于水温低、密度高，会下沉到海底，便将表层的溶解氧也带到了深海，这些溶解氧甚至有可能到达热带大洋的深海。

🦀 深海生物的发现

随着人类深海探险技术的提高，对深海的考察活动越来越多，人类在越来越深的海洋中采集到了海洋生物。即使在水深达到 11000 多米的世界上最深的马里亚纳海沟"挑战者海渊"，人类也发现了深海的巨型底栖生物（长度大于 2 厘米的底栖生物被称为巨型底栖生物）。

人类还在海洋最深处的沉积物中采集到了古菌、细菌等微生物样品。这充分证明，无论多深的海洋中都有生命的存在。深海生物的种类、数量之所以低于浅海，其主要原因并非缺少溶解氧，而是缺少食物。

正是由于日夜奔腾不息的洋流，将氧气带到了海洋的各个角落，才使得整个海洋充满了生机。关于洋流运动的具体细节，人们所知仍然有限，还需要进一步调查研究。海洋中还有很多秘密，等待着一代又一代的海洋学家们去探索、去研究。

〰 知识小卡片

溶解氧　指溶解在海水中的氧气。海水中的溶解氧，一部分是空气中的氧气通过海洋表面直接溶解在海水中，另一部分是海洋微藻、大型藻类、海草等海洋植物在光合作用过程中排放到海水中的。海洋表面和上层的溶解氧则通过洋流被带到海洋的各个层次、各个角落，使得整个海洋的海水中都有溶解氧。

科氏力

电影《金蝉脱壳》里有这样一段令人印象深刻的情节：主人公发现自己被囚禁在汪洋大海上之后，根据马桶下水的漩涡方向判断所在的位置是北半球，从而确定了所在的海域。

电影里给出的解释如下：在科里奥利力的影响下，处在赤道两侧北、南半球的马桶或者面盆中静止的水在从下方出水口流出时，水会旋转，水的漩涡方向在南、北半球方向正好相反，如果正好处在赤道上，则水基本不旋转。

我们真的可以通过马桶下水的漩涡方向判断所处的半球吗？这就要从科里奥利力说起。

●**地球表面科里奥利力形成示意图**

🦀 科氏力

科里奥利力，简称科氏力，是由于地球自转而对地球上的流体产生的一种作用力。流体指的是稍微受到一点儿外力便可改变形态和运动方向的液体、气体等。严格来说，科氏力不是真正的力，而是对进行直线运动的流体产生的偏移作用，由于其作用效果很像真正的力产生的效果，为描述方便，称之为力。

想要理解科氏力，我们可以想象一个从顺时针旋转的转盘中心向边缘做直线运动的小球。当我们从转盘的上空看小球时，它的运动轨迹是直线。而当我们保持与转盘相对静止的状态，即站在转盘上的一个点看时，小球的运动轨迹则是曲线。物体只有在力的作用下，运动的方向才会发生改变。于是我们就把站在转盘上看到小球做弯曲运动的现象称为科里奥利效应，假想小球受到了一个与运动方向垂直的力，这就是科氏力。

🦀 地球表面的科氏力

地球在不停地自西向东做自转运动。由于摩擦力和惯性的作用，我们与地球保持相对静止，但实际上我们站在一个旋转的球体上。所以流体在地球上运动时也会产生科里奥利效应，如同受到了科氏力一样。这个力在地球表面就是地转偏向力。所以北半球的流体的偏转方向总是向右，南半球的流体则相反，总是向左。

由于科里奥利效应是由地球自转造成的，所以科氏力的大小与流体在地球上所处的位置密切相关。地球是沿着北极点到南极点的一根轴线自西向东自转，因此在地球表面，越靠近赤道，地球自转造成的表面运动速度越高，科里奥利效应越强。科里奥利效应是由流体的惯性引起的，因此也与流体的质量有关，质量越大，科氏力就越大。例如，北半球的一条大河对右岸的冲力就很大。而水盆中静止的水质量很小，无论在南半球还是在北半球，只要用手给水一个向任意方向旋转的力，水都会按照力的方向旋转，而不会按科氏力作用的方向旋转。

🦀 自然现象中的科氏力

我们熟知的许多自然现象，如台风（热带气旋）、洋流等都受到了科氏力的影响。在北半球，所有的台风都是沿逆时针旋转的：台风中心气压低，四周气流向台风中心流动，在向右的科氏力的作用下，就形成了逆时针气旋。在北半球的大洋上，洋流的流动方向也是向右偏转的。一般来说，北半球的河流由于受到向右的科氏力的影响，右岸被冲刷得更厉害，导致右岸比左岸更为陡峭。

● 北半球气旋形成示意图

危险的海啸

你能想到的最严重的自然灾害是什么？是火山喷发、陨石撞地球、飓风、地震，还是海啸？

据科学家研究，曾经称霸地球数百万年的恐龙就是因为一颗小行星撞击地球，引发地球大地震，并使地球大气层数年充满尘埃，使植物无法有效进行光合作用，造成食物短缺，进而灭绝的。但小行星等足够大的陨石撞击地球毕竟是小概率事件，地震加海啸才是人类经常面临的严重的自然灾害。

🌿 地震灾害

1960 年 5 月 22 日下午 3 时 11 分，南美洲的智利蒙特港外海底发生了震级 9.5 级的特大地震，这是人类有观测以来规模最大的一次地震。地震造成智利南部和中部大量人员伤亡，房屋倒塌，通信中断。随后，地震引发海啸，将这场旷世灾难推及智利全境。海啸掀起十几米高的水墙，以摧枯拉朽之势吞没了海岸，人类的文明成果在这场浩劫之下不堪一击，凶猛的潮水反复涤荡着废墟般的城市和乡村，以智利蒙特港为中心，太平洋沿岸南北 800 千米的海岸线几乎被海啸洗劫一空，海啸所过之处全被夷为平地。

然而这场灾害并没有就此结束。

🌿 超级地震引发的海啸

超级地震引发的海啸就像一个巨大的烈性涟漪，它首先侵袭了最近处的智利，在震中的另一侧，是一望无际的太平洋，海啸像脱缰的野马，急速横扫太平洋，沿路吞没无数岛屿，23 小时后在大洋彼岸的日本群岛登陆，奔袭 1.7 万千米后仍保持着 8 米高的海浪，给日本沿岸造成了巨大破坏。据统计，这次海啸影响了太平洋沿岸十余个国家，造成近万人死亡，数十万座房屋倒塌，数百万人流离失所，经济损失不可计数。

海啸是如何形成的

为什么地震能引发海啸？为什么海啸能传递得如此远，且还能保持惊人的能量？

我们先来了解一下海啸是如何形成的。

智利海啸是典型的下降型海啸，海底地震导致的突然下陷使大量海水向刚刚产生的海坑中心涌去，触底受阻后向海面翻回，产生压缩波，形成长波大浪。1983 年的日本海啸则是隆起型海啸，地震造成的地层隆起抬高了其上的海水，海水急速向四周倾泻，翻起巨浪，同样形成巨大的海啸。这些长波大浪以震源为中心向外辐射，如同投石入水产生的涟漪向外扩散，但这涟漪并不温柔，反而剧烈又沉重。与风引发的表层浪不同，由于海啸动力源在海底，因此它产生的波动是从海底到海面整个水层的垂直波动，相邻的两个浪头甚至可以达到 500 ～ 650 千米之远。

当海底发生地震时，震源处的地层会发生断裂，海底迅速隆起或者塌陷，造成其上的海水产生剧烈上升或下沉现象，从而形成剧烈的垂直波动。

时速800千米　250千米　110千米　36千米

5000米　500米　110米　10米

水深

海啸以我们难以想象的速度向外推进，有多快呢？轿车在高速公路上以120千米每小时的速度行驶，我们就感觉很快了；F1赛车的时速可以达到300～350千米，简直是风驰电掣；而民航客机通常的巡航速度是800～1000千米每小时。据测算，智利海啸的行进速度达到了600～700千米每小时，接近于大型民航客机的速度，并且，海啸一直以这样的速度行进了20多个小时，直到大洋的彼岸。需要指出的是，海啸的最高浪并不出现在海上，而是岸边。如左图所示，海啸波从深水区来到近岸浅水区，水变浅，前进受阻，会导致速度骤降，后面高速的海水推挤、叠加，便会掀起携带巨大能量的高浪，直扑陆地。

🌿 海底地震引发的灾害类型

　　怎样判断海底地震引发了地层的下陷还是隆起呢？其实不需要太复杂的观测，只要了解海啸来临前海岸的变化就可以做出判断。海啸来临前，如果海水异常退潮，说明震源处发生了下陷，是下降型海啸。在智利海啸到达前，海岸就突然出现了异常退潮，把平时即使退大潮时也看不到的近岸海底都显露出来了，虾蟹、鱼儿在沙底挣扎跳跃，十几分钟后，海面骤然升高，高高的水墙突然直扑海岸。而1983年的日本海啸到来前则发生了海水异常涨潮，海水迅速上涨，这时海水虽然很急，但浪并不高，真正的海啸还没有到来，几分钟后第一波巨浪倏忽而至，到达海岸时已推起十几米的浪高，这是隆起型海啸，异常涨潮是这类海啸的前兆。

　　关于智利海啸对太平洋左右岸的不同影响，科学家们根据受灾地区的远近将其分为本地海啸和遥海啸。顾名思义，离震源近的称为本地海啸，也称为局地海啸，海啸波抵达海岸的时间较短，少则几分钟，多则几十分钟，留给当地的预警时间非常短，而且海啸的强度也很大，因而会造成极为严重的灾害。而远渡太平洋到达日本等沿岸的巨波，则被称为遥海啸，也称为越洋海啸，越洋海啸并不一定非要"越洋"，只要是从遥远的洋面传递过来的都可以归于此类。遥海啸在远征途中消耗了一定的能量，最终登陆地的海啸强度会比原发地海啸弱一些。

从历史数据可以看出，海啸大多是由海底地震引发的，除此之外，海底崩塌、滑坡，火山爆发也能引起海啸。目前，大多数沿海国家都建立了海啸预警系统，很多国家不断提高地震多发区建筑的防震等级，对民众进行海啸逃生知识的宣传和演习，这对减少海啸带来的人员伤亡和财产损失都起到了很重要的作用。1960年，引发智利海啸的震级为9.5级，智利一线死亡人数约为5000人；2011年，引发日本海啸的大地震震级为9.0级，死亡和失踪人数不到20000人，这两个国家都处于环太平洋地震带，不时造访的地震和海啸使当地政府和人民对海啸的认知和准备都很充分，因此灾难虽大，死亡人数并不惊人。但在2004年，印尼的印度洋海啸中（地震震级为9.3级）死亡和失踪的人数达到了26万，为何相似震级的地震造成的死亡人数差距如此之大？一方面，客观上印尼海岸是北半球的冬季度假胜地，海滨上人员密集，同时这次海啸与海岸形成了夹角，使海啸的能量集中冲击了海岸，滨海的平缓地势也使得海啸一马平川，毫无阻碍地深入内陆碾压。另一方面，地震发生后，海啸来临前，当地只有地震预警而无海啸预警，人们对海啸的来临全然不知，而滞留海边也是这次人员死伤惨重的重要原因，要知道，地震发生后，海啸来临前的几分钟或十几分钟是逃生的最佳时机。

如果遇到海啸，怎样才能有效逃生呢？

1．首先要关注当地发布的各种气象预报和预警信息，如果听到地震或海啸预警，要尽快寻找安全、坚固的处所。应对海啸的最佳位置是安全的高处，比如山峰，如果时间来不及，就找距离最近的坚固的高楼，尽量爬到高处。

2．如果你身处海边，感觉到地面强烈震动，一定要尽快离开海边。地震是海啸发生的最早信号，趁着地震与海啸到达的时间差，赶紧离开海岸或者低处是第一要务。

3．海岸如果出现异常涨潮和退潮，而且涨退的速度明显比正常的潮汐快，也是海啸来临的征兆，要果断迅速离开，千万不要贪恋海滩上跳动的鱼虾，以免贻误最佳逃生时机。

4．如果海啸来临时你正在船上，千万不要急着回港或靠岸，海啸从深海区推进到近岸浅海区时，由于海水深度变浅，波高会突然增大，因此船在岸边被倾覆的可能性远大于远离岸边的海域，应该马上驶向深水区，深水区相对于海岸更安全。

关于海啸的知识你了解了吗？可以讲给更多的人听哦。

🔊 知识小卡片

海啸 指海上强洪水或巨浪导致的海水急剧前进或后退的现象。海啸起源于海底地形的突然滑动、垂直错位、水下崩坍和水下火山爆发等，海底地震是引发海啸的主要原因。海啸的典型特征是在海岸形成滔天巨浪，据记载，海啸浪高达到了海平面之上85米。

听说过方波与疯狗浪吗

在法国西海岸的度假胜地雷岛上，幸运的话会看到一种奇特的海波。这种海波看起来像是在大海上画下的整齐的棋盘格，我们叫它方波，也叫十字波。方波其实是由两个方向近乎垂直的海浪汇流碰撞而成的，如果沿着两个方向的海波分别回溯，就会发现左右两侧很远处的海区分别刮着两种不同方

向的风，形成了不同方向的海浪。两波海浪在两片水域的交接处相遇，因为方向几乎是垂直的，所以就形成了互相交叉的方波。

🌿 危险的方波

方波看起来很奇特，但其实是很危险的，特别是在风大浪急的海上。要知道，现代船舶设计大多针对来自一个方向的海浪，而方波是左右夹击，使船只剧烈颠簸受力，经常会使船员防不胜防，垂直相交的海浪叠加的力量像大摆锤一样，可以轻易地将船只碾碎或掀翻。即使是看起来已经很弱的方波，也不要试图接近，特别是在海中游泳和冲浪的人，因为方波常常伴着强潮汐，一旦进入它的领地，那些看起来无害的方波就会变成左右撕扯的力量，让人很难摆脱。正确的做法是，看到海上出现方形的波浪，立即远远避开，不要靠近去贪赏奇景，更不要涉足其中。

🌿 海浪的运动形式

当你站在海滩上，看着一波一波涌来的波涛，会不会有这种错觉：仿佛海水形成的波浪是从遥远的地方奔袭而来，又在岸边破碎、消失。

海水真的会经久不息地做远距离迁移吗？

让我们来做一个小实验，将一个充气的玩具小鱼放在涌浪的水波中，小鱼会随着浪"游"到岸边吗？我们看到小鱼确实在跟着浪游动，但它总是在波峰处又退了回去。多观察一段时间，我们会发现，小鱼总是在两个波浪间兜兜转转，前后做半圆轨迹的运动，好像粘在一个地方打晃儿似的。

● **海浪的运动形式**

这个实验反映了海浪的运动形式：海浪并没有将海水远距离地搬运出去，而是让海水在两个波之间做圆周轨迹运动。如果难以理解，可以想象一下风吹麦浪的情形，麦子有没有随着"麦浪"移动呢？有，但只是原地随风摆动而已。

浪基面

海水怎么只在小范围内运动呢？我们明明经常看到一些东西被海水带着走，比如，停在海边的帆船，如果没有固定好，很快就会被海水带走。在有大浪时，游泳的人会被拍回岸上。其实，对于帆船来说，最大的动力来自风，你觉得它是被海水带走的，其实是被风吹走的。大浪涉及水波的波长，即两个浪头之间的距离，很多大浪的波长是很惊人的，你看到十几米外在海中游泳的人被拍回岸边，说明这波大浪的波长大于你看到的长度，有些巨浪甚至海啸的波长可达几百米，甚至上千米，所有在海啸波长范围内的东西，都有可能从一个浪峰被快速送到百米外的另一个浪峰，然后快速被退回，很多船只、滨海设施、房屋都受不住这种力量的撕扯，更不要说人了，海啸的破坏力就在于此。

● **物体在海面和海面下的运动轨迹**

如果漂浮在海面上，人很容易晕，这是因为海面有波浪，人被摇来摇去晃晕了。但人一旦潜入水中，在水下几米深处，就感觉不到海浪的摇晃，也就不晕了，这是因为海面几米以下是浪基面下方，没有波浪。

研究表明，海洋会通过海浪的形式把能量传递到很远的地方，甚至跨越大洋，但海水本身并不会被波浪运动带出太远，传递的只是波形和波所带的力量，海水的远距离运动主要靠洋流，而非波浪。就像海啸，它的波长再长也是有限度的，海水在这个限度内往复运动，但海啸引发的波却可以传递到万米开外的海域。海水在做圆周轨迹运动的同时传递了能量，而海水本身大致停留在原来的位置。水越深，海水的圆周轨迹运动越小，最后在一定深度消失，这个深度被称为"浪基面"。浪基面以下的区域就不再受表层的波浪影响了。

海浪的混合干涉模式

当然，海水并不总是沿着一个方向波动，不同的风暴形成的浪相遇时，会相互干扰。两个或者更多的海浪碰撞时，有些海浪方向是一致的，它们的力量会叠加，海浪会变得更高，这就是海浪相长干涉模式；有的海浪方向相反，力量相抵，相撞后会消失或降低，这就是海浪相消干涉模式。

我们在海边最常见到的海浪是平行于海岸的，这说明风在朝着一个方向吹，海浪看起来很均匀，一波接着一波，偶尔有一波忽然高出来。这是由于海浪的相长干涉，也就是由两个同向的海浪叠加造成的，同向的一个以上的波浪叠加为一个波浪后其浪高会变大或变小，而不同方向的一个以上的波浪相遇会形成各种各样的波浪。比如，近于垂直方向的两个波浪相遇会形成方波，方波的每个方形的每条边的波高和运动方向会随着相遇的两个波浪原来的浪高和速度的大小、强度的不同而不断变化，因此在方波处的物体和人员会有危险。

方波虽然危险，但它出现的时间通常很短，只有几分钟，它是海浪干涉模式中比较复杂的一种，是相长和相消之外的一种模式，我们叫它混合干涉模式，而且对于装有现代探测设施的船只来说，它也是比较容易被发现的，可以提前被探知。

相位相同的海浪　相位相反的海浪　相位融合的海浪
＋　　　　＋　　　　＋
相长干涉　　　相消干涉　　　混合干涉

🌿 疯狗浪

但有一种海浪是迄今为止都很难被预测的，每年都有相当数量的海船被它"吞噬"损毁，它是海浪干涉相长模式的极致，称为"疯狗浪"，也叫"杀人浪"。

疯狗浪不是海啸，海啸的规模、前进方向都是可以推算的，疯狗浪却是单独发生的，它常在大风天气中出现，在平均 2 米高的海浪中，突然爆发高达 20 米的超级巨浪，这就是疯狗浪。疯狗浪常发生于风暴天气，通常是由许多不同的海浪相叠加而形成的；强洋流与大浪相遇时也会形成疯狗浪。疯狗浪很难被预测，仿佛是随机形成的，但它产生的浪高却不逊于海啸的浪高，有时候甚至能超过强海啸。我们知道，在智利海啸中，海啸的最高浪达到了 23 米，而疯狗浪可以超过 30 米。这样高的海浪可以轻易掀翻或者压沉船只，即使是超大型油轮或者集装箱货轮也很难在疯狗浪的撞击下全身而退，全球每年都有超过 1000 艘船只在海上失踪，其中很大部分是疯狗浪惹下的祸。

●疯狗浪的形成及其对船只的影响

🔊 知识小卡片

波的干涉 一种物理现象，是波所特有的现象，当频率相同的两列波相遇时会产生叠加效应，使某些区域的振动加强，某些区域的振动减弱，而且振动加强的区域和振动减弱的区域相互隔开。产生干涉的必要条件是，两列波（源）的频率必须相同并且有固定的相位差，波源不同。

海滨隐形杀手
——离岸流

　　炎炎夏日，美丽宜人的海滩是很多人度假游玩的首选之地。游泳爱好者们往往会在离岸稍远的地方遨游，充分享受运动的快意和海水的凉爽，不会游泳的人也乐于穿行在浅水中踩踏浪花，感受脚下海水流过的惬意。但你知道吗？看似平缓柔和的海滨却并不总是安全之地，每年都有许多人魂断于此，其中最大的杀手不是凶残的鲨鱼，不是福尔摩斯笔下的狮鬃水母，而是隐藏在海水中的"离岸流"。

大海浪来临

　　2012年8月4日，被称为"韩国八景"之一的釜山海云台海水浴场迎来了80万名游客。海云台浴场海滩宽阔、坡缓水浅、潮水变化小，每年夏天都会吸引大量避暑的游客前来。

　　上午10点45分左右，海滩上的人们正在享受酷暑中海风带来的清凉，突然，一股巨大的海浪将第五到第七瞭望台之间的游客席卷入海，这些游客本来只是站在浅水之中，大多不会游泳，霎时间，呼喊声、求救声充斥了整片海岸。

　　人们并没有搞清楚这股突如其来的水流产生的具体原因，警方推测是海面下扭曲、不规则的陡坡造成了如此巨大的水流。

离岸流

　　这种极其危险的水流叫作离岸流。离岸流又叫作断潮海流、回卷流、裂流，指的是从海岸边流回海中的一种狭窄而强劲的水流。离岸流与海滩垂直，速度极快，宽度一般不超过 10 米，长度一般在 30 ~ 50 米之间，有的长达 700 ~ 800 米。这种水流虽然不长，但速度很快，流速可高达 2 米每秒，每股的持续时间为两三分钟，甚至更长。离岸流可以把游泳者从岸边带至深水区，国家海洋减灾中心发布的数据显示，大约 90% 的海边溺水是由离岸流导致的。与巨大的风浪不同，离岸流不太容易引起人们的注意，往往会在人们毫无防备的情况下出现，等到人身处其中才会感受到，这也使它成为海滩上最危险的隐形"杀手"。

离岸流的形成

　　当海上有强风时，会把海水吹向海岸。这时，平静的海水就会形成海浪，并从外海拍向海岸。当海水在海岸边冲向海岸高处并不断积聚后，由于重力的作用，就会渐渐形成一股离开海岸冲向大海的回流。回流的海浪往往速度很慢，海浪从垂直于海岸的方向冲到岸边最高点，其冲力到最后消减到几乎为零时，这股海水会处于短暂的静止状态，这时这股海水高于大海的海平面，类似一个缺了外边的蓄水池，然后这股海水会在重力的作用下加速流回大海。

然而，有时候退回的海水力量太大，会把沙丘的某些地方冲破，这就像一个蓄满水的浴缸突然破了一个洞，在水池中积聚的水一旦找到了出口，就会沿着这个出口急速冲入海中，由于大量的海水突然通过一个狭窄的水道回流，这股水流就会非常湍急，冲击力量自然就很大。

所以在海边游玩的人们一旦遭遇了离岸流，就会被水流卷着迅速冲向外海的深水区。由于水流太急、太猛，人们凭借自己的体力无法躲避，更无法逆流返回海滩。

如何保护自身安全

离岸流的发生与地形、潮汐、波浪等因素密切相关，有横向沙坝、沟槽等不规则地形的砂质海滩是离岸流发生频率较高的区域，海滨浴场、岬角附近都是离岸流多发地带。那么我们在这些海滩游玩时应该如何保证自身安全呢？

避开危险海域

游泳时应该尽量避开有离岸流的海滩和海域。在下水前，要注意海水浴场的警示牌，留意观察海滨浴场的地形地貌，因为缺口处是离岸流的多发区，如果看到海边有断潮或深色的垂直于岸边的条状地带或有狭窄而浑浊的条状水流，就需要避开这些地方。

找准方向游出

即使认真观察了环境，离岸流有时仍会在毫无征兆的情况下突然出现，如果遇到了突如其来的离岸流，我们该如何自救呢？

当意识到自己处于强劲的离岸流中时，首先要保持镇定，不要惊慌，不要选择与大自然对抗。离岸流的力量太强大了，它的流速远高于我们游泳的速度，想依靠自己的力量逆流而上并游回海岸基本是不可能做到的，同时还会消耗体力，慌乱中可能会因抽筋或体力不足而溺水，从而使自己的处境更加危险。这时候，我们应该努力沿着平行于海岸的方向朝一侧游出。若无法从一侧游出，我们可以吸足气、放松四肢让自己漂浮在水面上，随波逐流，直到流势明显减缓后，再向一侧努力游出。我们还可以留足力气，当看到岸上有救生员时，挥动双手，大声呼救，等待救援。

究竟是横向游出还是顺向漂流？目前，国际上很多离岸流的研究者和救援专家更倾向于后者，因为与人力相比，离岸流的力量实在太强大了，即使身强力壮的成年人也很难保证在激流中转向并安全游出离岸流的控制范围。所以遇到离岸流后最重要的是保持冷静，保存体力，顺向漂流，到流速变缓后积极争取救援。从上图中也可以看出，离岸流的运动轨迹基本是一个圆弧，即从岸边垂直流向海中然后向左右分流，又回到岸边。所以只要保持放松，顺向漂流，大部分遇到离岸流的人是会被水流送回岸边的。

逆流而上的钱塘江大潮

　　钱塘江大潮，自古以来被称为天下奇观。古往今来，文人墨客都以观潮赋诗为乐事，留下佳篇无数。宋代诗人苏轼形容钱塘江大潮是"八月十八潮，壮观天下无"。毛泽东在《七绝·观潮》中说："千里波涛滚滚来，雪花飞向钓鱼台。人山纷赞阵容阔，铁马从容杀敌回。"这些词句道尽了钱塘江大潮波澜壮阔的气势。钱塘江观潮在我国有两千多年的历史。如今，每逢中秋佳节，世界各地的游客蜂拥而至，齐聚浙江，争先恐后地一睹钱塘江大潮的风采。

　　钱塘江大潮发生于钱塘江入东海的海口，自古"江河入海不复回"，而钱塘江观潮看的则是浩瀚的东海对钱塘江的逆袭。海水借着潮汐之力向河口回溯，潮头卷起的海浪汹涌澎湃，逆流而上，冲入钱塘江。其实，每条江河的入海口都存在潮汐引起的海水逆流现象，那为什么钱塘江大潮能成为奇观呢？这要从潮汐现象和钱塘江入海口的特殊地貌讲起。

🌿 潮汐

先来了解一下潮汐。

由于月球和太阳的引力作用及地球的自转，海平面每天都有涨有落，具体到某地海边的海水，便会有涨（涨潮）有退（退潮），这就是潮汐现象。由于月球和太阳与地球的相对位置在发生周期性的变化，引力也发生周期性变化，因此，涨潮退潮的幅度也在发生周期性变化。由于月球离地球的距离比太阳离地球的距离近得多，因此月球对潮汐变化的影响更大，所以涨潮退潮的幅度是以农历的月为周期发生变化的。

取地球的截面会发现，在引潮力和海水随着地球自转产生的离心力的拉扯之下，球形的地球变成了椭球形，随着日、月、地相对位置的周期性变化，这个椭球形也发生了周期性变化，当地、月、日位于同一直线上时，这个椭球形最扁，海水的潮高变化也最大。海水是流体，由于惯性的作用，引潮力最大时海水的涨落幅度并不是马上达到最大值，也就是大潮期并不在农历每个月的初一和十五出现，而是延后 2 ~ 3 天，在农历每个月的初三和十八出现。

农历每个月的初一和十五，太阳、地球、月亮大致在一条直线上，太阳和月球分别在地球的同一侧或者两侧，月球和太阳的引力会叠加，会使潮涨得最高，而退潮退得最低，这就是大潮。

在初一和十五中间的日期，通常是初八和廿三前后，由于太阳、地球、月球三者呈直角，引力几乎没有叠加，涨潮和退潮的幅度最小，这就是小潮。

古人早已发现海洋潮汐与月亮的盈亏有关，北宋年间的进士余靖更是详细计算并描述了潮汐的规律。他通过对东海、南海的长期考察、记录，最终确定了海水的周期性升降与月亮盈亏之间的关系，并将这个关系记入他的《海潮图序》中："潮之涨退，海非增减，盖月之所临，则水往从之。"他提出了潮汐间隔是每日向后推迟"三刻有奇"，这与万有引力发现后人们对潮汐的推算结果是一致的，但比后者早了几百年。今天，我们可以很容易地从网络上查到各地的潮汐时间表，算出潮水涨落一次的周期是 12 小时 25 分，一日大约两次，共 24 小时 50 分，所以潮汐涨落的时间每天都要推后 50 分钟，近似于"三刻有奇"。

🌿 钱塘江入海口的地形地貌

　　钱塘江入海口西临两朝古都杭州，这里南北两岸人口众多，自古以来就是繁华之地，无数文人墨客为钱塘江大潮留下了许多脍炙人口的千古佳作，这也使得钱塘江观潮成为一年一期的人文与自然盛景。翻开观潮攻略可以发现，在钱塘江入海口附近有很多适合观潮的景点，其中浙江省海宁市盐官镇因其特殊地形造成了特大潮涌，被认为是最佳观潮胜地。人们可以在不同的地段观赏不同的潮景，例如，可以先在丁桥镇大缺口看交叉潮，然后赶到盐官镇听潮声、观一线潮，最后回到老盐仓拦河丁坝赏回头潮和冲天潮。

● 交叉潮

● 一线潮

● 回头潮

● 冲天潮

🌿 钱塘江大潮最佳观赏期

　　由前面了解的潮汐规律可知，农历每个月的初三和十八都可以看到钱塘江大潮，那为什么每年的八月十八日在钱塘江观潮的人最多呢？其实这跟多个因素有关。通常情况下，虽然夏季已过，但秋季的钱塘江上游来水依然很大，水量充沛的情况下，潮高较大，景观更盛，且八月十五中秋节是中国人团圆的大节日，在此期间，家人团圆、走亲访友是中国的传统，亲友聚在一起观潮更有节日的喜庆气氛，再者，通常在八月十五过后，农活已基本忙完，大家的空闲时间较多，恰逢秋高气爽，也是一年中气候最好和风景最美的时候，人们更愿意在这个时间出行。于是，八月十八观潮就逐渐成了传统。

月潮椭圆体　太阳潮椭圆体

满月　月引潮力　太阳引潮力　新月　太阳

大潮

太阳引潮力和月引潮力相互叠加，高潮最高，低潮最低，形成大潮

每月初一、十五是引潮力最大的时候，但由于水的惯性作用，最高潮往往会延后2～3天，因此，农历每个月的初三和十八都可以看到钱塘江大潮的壮观景象。这也是钱塘江大潮出现在农历的八月十八日，而不是八月十五日的原因。

　　值得注意的是，如果想一睹钱塘江大潮的宏伟壮美，一定要提前做好安全观潮准备。每年中秋节前后都有无数游客前去一睹这"天下第一潮"的风采，但也总有人在观潮中发生意外。小朋友们一定要在家长的陪同下，在有护栏的江堤观潮，千万不要穿越护栏、隔离带，也不要在江滩、丁字坝上观潮，更不要下堤钓鱼、游泳、洗澡！不要去往标有"危险区域"的地段，要听从警察和现场管理人员的指挥。潮水来时不要拥挤、哄闹，文明观潮，让自己也成为这盛景中美好的一景。

　　观景之余，让我们来了解一下钱塘江大潮的成因。

金山卫

杭州市　杭州湾　东海

钱塘江

镇海

● 喇叭形入海口

　　首先来看看钱塘江入海口的地形地貌。钱塘江的入海口是杭州湾，杭州湾状似喇叭，其外口宽约100千米，向陆地一侧迅速收缩，而湾的最内端正好是钱塘江的入海口，这就使得杭州湾的海水在退潮时可以很容易地迅速退去，而涨潮时，大量潮水从宽阔的外口涌进湾内，湾内迅速变窄的水道使潮水受到南北两岸的阻挡，潮水来不及均匀上升，就只好后浪推前浪，在岸边掀起滔天巨浪，形成钱塘奇观。

●海口沙坝

其次，钱塘江入海口的江底地形。钱塘江靠近江口的河床突然升高，滩高水浅，江底有很多沉沙，加大了对潮水的阻挡和摩擦作用，使得潮水前浪速度陡然降低，后浪拍击前浪，就形成了一浪叠一浪的景象。有了入海口的喇叭形状和江底的沙坝地形，涨潮时大量潮水在突然变窄和抬升的水道中积聚了大量的推力，随着潮水发泄到海岸和河岸上，激起高达数米甚至数十米的滔天巨浪，蔚为壮观。

亚马孙河和恒河的大潮

世界上与钱塘江入海口地貌相似的还有巴西的亚马孙河和印度的恒河，它们的入海口也是喇叭形的，河口近海岸处都有巨大的拦门沙坝。

与钱塘江大潮十分相似，来势凶猛的潮头撞上墙似的沙坝便一跃而起，掀起数十米高的巨浪，形成层层叠叠、波澜壮阔的大潮涌。相比之下，三条大河中亚马孙河的水量最大，涨潮时潮涌的时速、波高都是最大的，只可惜亚马孙河入海口位于人迹罕至的热带雨林中，除了少数冲浪爱好者、摄影和探险爱好者，鲜有人能目睹它的壮观之美。恒河河口倒是位于人口密集地区，但因为日益加重的污染，大大降低了潮涌的观赏价值。

《 知识小卡片

引力 在粒子物理学中所认定的物质之间的 4 种基本相互作用之一，即引力相互作用，简称引力，是自然界中最普遍的力，指的是任意两个物体或两个粒子间的与其质量乘积相关的吸引力。万有引力定律认为任何物体之间都有相互吸引力，这个力的大小与各个物体的质量成正比，而与它们之间的距离的平方成反比。万有引力定律成为物理学最基本的定律之一，奠定了物理学很多分支学科的基础，如天体物理学。

惯性 一种抵抗物体运动状态被改变的性质，它存在于每个物体当中，大小与该物体的质量成正比，惯性使物体保持现有的状态，无论是静止状态，还是匀速直线运动状态。这一定律成为经典力学的奠基性原理。

潮汐 一种海洋运动现象，指海洋中每天发生的周期性的海平面上升和下降的运动。这一运动使得海洋的边缘每天缓慢地向陆地和海洋移动。潮汐是由月球与地球、太阳与地球之间的引力引起的。

在海底分裂的潜艇

2021年4月21日，东南亚某国的一艘潜艇在巴厘岛附近海域训练时，在水下莫名碎成艇艏、舰桥和艇艉三部分，沉入约840米的海底，造成艇毁人亡的惨剧。据事后调查，4月21日在该艇训练的海域并没有其他潜艇和军舰，该艇也没有受到任何其他人为的袭击，操作失误的可能性也被排除了。那么，失事的原因到底是什么呢？据推测，海中的一种自然现象很可能是造成事故的原因，这一推测得到了一些物理海洋学工作者的支持，一些卫星拍下的照片也进一步证实了这一推测。这个可怕的现象就是在岸上和水面上很难察觉却又广泛存在于海洋内部的内波。

"死水效应"

说起内波，还得从一件怪事说起。

一百多年前，一艘渔船在风平浪静的大西洋上作业，就在船员们撒下渔网，悠闲地期待着满载而归时，船速突然慢了下来，渔船好像被一只无形的大手从后面拖住了一样。船员们面面相觑，因为这里的水很深，渔船不可能搁浅，附近更没有礁石，难道是遭遇了传说中的海怪吗？船长立刻下令开足马力，想尽快离开这个怪异之地，但任凭发动机怎么拼命转动，渔船依然慢得像蜗牛爬一样，大家都很纳闷，船上的机器没有任何异常。随后情况变得更糟，在机器的轰鸣声中，船就像被胶水死死粘住了一般，一动不动了。船长这时也慌了，马上叫人收网，令人震惊的是，撒开的渔网不知何时被卷成了一条长长的绷直的绳索，仿佛大海深处有一只手要把他们连人带船都拽向地狱一般。船长立刻叫人把缆绳砍断，把渔网丢掉，但这一切都无济于事，渔船依然停留在原地。

正当大家都绝望地等待死神降临时，渔船慢慢地开始动了，并且越开越快，一切又恢复了正常。那么，渔船到底遇到了什么样的"魔力"呢？科学上又如何解释这种神秘力量呢？

促使人们真正去研究这种神秘力量的契机出现在1893年，挪威著名探险家弗里迪奥夫·南森率领"前进"号海洋科学考察船去往北极附近的洋面进行科学考察。当考察船小心翼翼地在极地海域航行时，船突然慢了下来，并且不可抑制地向右偏转，可是附近既无冰山阻碍，又非逆风航行，船怎么会自动右转呢？船上一片混乱，但拥有丰富极地探险经验的南森却处变不惊，他让船员检查了舵轮，发现舵轮无碍后就指挥船员继续航行，考察船在缓慢兜了几个圈子后终于驶离了这片水域。在之后的航行中，这种情况又多次发生。南森不仅是探险家，也是一名致力于海洋学研究的科学家，他没有简单地将这种现象归结为海怪或者神明的力量，而是将这种现象命名为"死水效应"，并在回国后邀请海洋学家共同研究，终于揭开了其中的奥秘。

🌿 密度跃层

原来，在广阔的海洋中，海水并不是均匀存在的，而是以大量的或大或小的水团的形式存在的，不同的水团之间及水团与空气之间由界面隔开。由于风力、潮汐、洋流、船只通过等的作用，这些界面的形状随时都会发生变化。在海水与大气之间的界面，会由于空气运动产生的摩擦作用而形成波动，这就是我们看到的海面的"波浪"，它类似于向湖中抛投石子引起的涟漪。海浪会向各个方向传播，不过尺度要比涟漪大得多。海水水团的密度通常是不同的，在水平方向上，密度不均匀的海水会导致海流的形成，而在垂直方向上，不均匀的海水就会形成密度跃层，上层水体的密度小，而下一层海水的密度突然增大，它们之间自然形成一个几米厚的屏障，叫作密度跃层，由于这个跃层的存在，不同密度的水团不会融合，因此密度差长时间存在。"死水效应"就是出现在不同密度的水团间相交的界面上的波动，这些波动由于在海洋的内部产生，因此称为内波，也称为界面波。

界面波
内波
海底

🌿 内波产生的两个基本条件

内波是水下的一种重力波，其产生需要两个基本条件：一是上下分层的水团，它们的密度有差别；二是有外力扰动，例如，潜艇在水下航行时螺旋桨的动力对水团界面有扰动。外力扰动造成分层界面的波动，就形成了内波。内波比海面上的波浪更大，高度甚至会超过 100 米。

在海洋内部，通常温度高、盐度低的水团的密度较低，位于海洋的上层；而温度低、盐度高的水团位于下层，这就满足了第一个条件；潮汐运动、浊流、风力和船只经过，都会引起水团之间界面的扰动，满足第二个条件，形成内波。

海洋潮流、洋流遇到海底高山或者陆地等阻碍时，也会因为海底高山和陆地的阻挡而受到扰动，这就是为什么靠近陆地的海域更容易形成内波，特别是在狭窄的水道或者水下暗礁多的海域，内波特别强盛。

据调查，我国南海东沙群岛附近海域的内波可能是世界上最强的，振幅可以达到300米，而巴厘岛附近海域的内波也很强。内波与水面上的波浪不同，传播速度更快、更远，振幅更大，因此也更危险。内波并非在海面上完全不能察觉，海面下较浅的内波也会在海面上有所体现，只不过其波长更长，在几十米的小范围内很难发现。但如果在更大范围内观测，如使用卫星遥感观测，就能发现在大范围的海面上有上百米甚至数千米宽的涟漪状波纹。船在海上航行时，一旦吃水深度与上层水深相当，在密度跃层上就会产生剧烈扰动，就有可能出现"死水效应"的现象。原本应该克服海水阻力、维持船只前进的螺旋桨和推进器，此刻完全把能量浪费在密度跃层上了，消耗掉前进的动力，这样一来，船就像被"粘"在海水中一样，无法前进了。

海水表面的波动主要是由季风、潮汐、洋流及陆地边界等引发的，它的最大值就在海面，随着海水深度的增加，海浪的能量在海水摩擦力的作用下，很快衰减，当海面上出现高5米、波长为100米的波浪时，传至100米水深处，它的波高就只有1厘米了。而内波发生在海水内部，是一种重力波，振幅通常为几米至几十米，波长可达百米以上，会造成极大的破坏。

如上所述，内波的产生需要两个基本条件：海水密度分层和有扰动的能源，二者缺一不可。无论是过往的船只、水下的潜艇，还是浮于海上的钻井平台，甚至大气压力的变化、海底火山喷发和地震，都可能成为引发内波的扰动源，而内波的规模和能量也常常比海面的波浪大得多。

🌿 内波的破坏力

内波的破坏力，主要产生在密度跃层的上下，这里会形成两股流向相反的内波流，流速通常很快，能达到 1.5 米每秒，就像一把剪刀一样，将界面中的不速之客撕裂。而且，内波峰高谷深，其垂直作用也很大，就像是猝不及防的神秘刺客，尤其会对潜艇、潜水器构成很大的威胁。有的钻井平台建在洋流经过的海域，平台的阻挡也是使洋流内部产生内波的原因，强大的内波力量会将平台摧毁。内波如此汹涌，稍不留意就会打得人猝不及防，因此，内波也被人们称为"水下魔鬼"。

尽管内波给海上平台、船只航行及热爱浮潜的人们带来了很大的危险，但它在维护海洋生态系统方面却具有重要作用。内波往往在大范围内传递能量，将海洋上层的能量、富氧水团传至深层，也将深层较冷的海水连同其中的营养物质带到较暖的上层，同时也将能量横向传递，从而促进海水的混合，将食物和能量传向更远的区域，促进生物繁衍生息。有研究表明，内波能有效降低珊瑚礁的温度，避免珊瑚因酷热而死亡。

随着对海洋内波研究的不断深入，各国都加强了对海洋特别是近海内波的监测。如今海上航行的船只可以通过卫星遥感、航拍，以及装备各种内波探测仪器等监测内波，从而规避潜在的风险。

🔊 知识小卡片

内波 存在于海面以下，通常发生在分层海水的界面上，是在海洋内部密度不均匀水层间发生的一种波动。只要海水密度稳定分层，并有扰动源存在，内波就会产生。内波像海面波浪一样广泛发生于各大洋中，只是其波长、振幅、周期、传播速度及存在深度不同。由于内波的存在，在界面处质点发生最大速度剪切，犹如锐利的剪刀，有时会具有极大的破坏力，对处于此处的物体造成毁坏。

水团 海水的物理存在形式，指的是由于源地和形成机制相近，具有相对均匀的物理、化学和生物特征及大体一致的变化趋势，而与周围海水存在明显差异的水体。水团形成之后，其特征因外界环境的改变而变化，终因动力或热力效应而离开表层，下沉到与其密度相当的水层。通过扩散及与周围海水的不断混合，继而形成表层以下的各种水团，或逐渐融入其他水团。

密度跃层 与"温跃层"类似的海洋物理现象，海洋中的海水密度会随水深增加逐渐增大，但在低纬度海洋的次表层，即靠近海面处有一层海水，其海水密度随水深的增加快速增大，增大幅度相较其他水层要大得多。海水中的这一层就被称为密度跃层。密度跃层之下的海水密度随水深增加而增大的幅度很小。有密度跃层的海洋通常在低纬度海域，通常发生在几十米至 1000 米水深的水层中，而高纬度海域通常没有密度跃层。相应地，密度跃层发生的海域也会存在温跃层。密度跃层在某个海域形成之后，会妨碍该跃层上部低密度海水与该跃层下部海水之间的混合。

贝壳筑成千年堤

如果在海边找到一枚完整的有着美丽形状与花纹的贝壳，可以给人带来意外之喜。在山东省滨州市无棣县，距离县城北 60 千米处的海边，你根本不需要费力"寻宝"，放眼望去，这里简直是贝壳的"海洋"。这些贝壳沿着海岸线绵延 30 千米，形成了一条由贝壳筑成的壮观的海堤，当地人称之为贝壳堤。

🌿 贝壳堤的成因

这里为什么堆积了这么多贝壳？它们是从哪里来的呢？

经过科学家调查研究发现，贝壳堤的形成至少要满足两个条件。

第一，足够的贝壳资源。这就需要海水和海岸适合贝类的生长，海水的深度、盐度、温度、有机物含量要达标，近岸必须是泥质，海水也要清澈，在太混浊或受污染的水域，贝类是无法生长的。

第二，把贝壳堆积到海滩上的力。这里就要提到海水中两个重要的搬运工：潮汐和海浪。潮汐和海浪将海底的贝壳不断向岸边推送，冲到高潮线的位置，日积月累，贝壳堆得越来越厚、越来越高，最后形成了沿着海岸线的贝壳海堤。在这里，我们将水携带物质运动的现象，称为水的运移，或者称为输运。

🌿 海岸变迁现象

地质学家通过调查发现，天津渤海湾滨海地带一共有六道贝壳堤，每一道都基本平行于渤海湾海岸线，由新至旧向内陆方向分布，最古老的一道在北里自沽和苑洪桥一带，与海岸的直线距离超过 40 千米。

说到这里大家可能会有疑问，贝壳堤不都是在海边吗？怎么会出现在离海边这么远的地方呢？根据上面说到的水的运移作用，这个地方在古时候曾经是"海边"。从古至今，陆地与海洋的分界线其实都在不停地变动着，渤海也不例外。每一道贝壳堤都表明此处曾是海洋，是海岸线驻足于此的印记。清代张焘在《津门杂记》中写道："咸水沽在城东南五十里，该处旧有蚌壳满地，深阔无涯，至今不朽，想昔日之海滩即在此地无疑也。"看来古人也曾观察到贝壳堤背后的海岸变迁现象。

渤海湾海岸线变迁的原因

大约在 12000 年前，地球刚结束一次寒冷的冰期，气温开始持续回暖，造成两极冰帽融化，海平面不断上升，渤海的范围也一直扩大。然而在 6000 ~ 7000 年前，地球气温及海平面上升的速度趋缓，此时渤海达到近万年以来的最大范围，渤海湾的海岸线也"入侵"到了最西界，并在此停留，第一道贝壳堤开始在这里形成。

第一道贝壳堤经过海浪及潮水的运移作用，堆积了数百年之后，另一种水的运移作用出现了，它就是黄河水。现今的黄河入海口在山东省东营市，但历史上黄河的入海口也像海岸线一样在不停地变动。在黄河的上中游河段，因为河水与雨水对岩石、土壤的侵蚀、冲刷，使得泥沙、小石子流入河中。

一般来说，河流流域的植被越少，河水的水流量和流速越大，河流携带的泥沙就越多，这种携带泥沙的力称为挟沙力。黄河在中游流经黄土高原这个著名的缺乏植被的干旱地区时，挟沙力非常大，每年携带着 10 亿吨黄沙滚滚流入入海口，如果按照每头大象体重 4 吨来算，等于黄河每年都会载着 2 亿 5 千万头大象奔入渤海。当河流挟带泥沙到达河口后，因为河道入海突然变宽，河水的流速也迅速变缓，挟沙力减弱，这时一些比重较大、颗粒较大的砾石和沙会先沉降下来，堆积在河口形成冲积平原，河水继续前行，又会遇到迎面而来的海潮与海浪的阻力，这个力称为顶托力，顶托力与河流入海的方向相反，挟沙力和顶托力两力相冲，使得河水流速变得更慢，这时比重小、颗粒小的粉沙和黏土也沉淀下来，堆积在离河口较远的海底。年复一年，黄河入海口的泥沙越堆越厚、越堆越远，以至于海岸线每年向前延伸 150 ~ 420 米，平均每年会新产生约 23 平方千米的陆地。这就是渤海湾海岸线和黄河入海口变迁的主要原因。黄河入海口泥沙淤积久了，最终造成黄河入海不畅而改道。改道后，原河口的海岸没有了河川的搬运力，海洋的搬运力开始起作用而堆积贝壳堤，后来黄河又改回原河口入海，陆地继续向前延伸。反复几次，最终造就了渤海湾西岸陆地上的多道贝壳堤。

美丽的贝壳堤讲述着海洋与陆地之间、人类与自然之间或聚合纷扰或百转千回的故事，记录着沧海桑田的变迁过程。用心观察我们的世界，一抔沙、一池水、一缕风，那些存在于万事万物间的联系、或隐或现的规律，都需要我们迈出探索的脚步，擦亮智慧的眼睛，去观察、去研究、去领略大自然的奇妙。

知识小卡片

沉积 海水中的固体颗粒物在重力作用下逐渐沉降到海底并积累起来的过程。沉降到海底并积累起来的物质称为沉积物。由于海底沉积物是经过长时间积累而成的，不同地质年代、不同气候条件下沉积物不同，因此通过分析沉积物的成分和深度，可以反推该海域的地质历史。

海洋无底洞探秘

你参观过海洋馆吗？很多地方的海洋馆都有一个玻璃圆柱形的水漩涡演示器，用手摇的方式驱动水柱底部的涡轮片，可以使水旋转起来，当水越转越快时，会渐渐生成一个漏斗般的漩涡。如果从水面的上方往下看，会发现在漩涡的中心有一个空洞，就像一个小型的"黑洞"，水流围绕这个"黑洞"飞速旋转，而且驱动力越大，"黑洞"就越大。从侧面看，水旋转得越快，漩涡下探得也越深。

自然界中到处都能见到漩涡，例如，村旁流过的小河，礁石遍布的海边，在水流的打弯处、高低落差处，大大小小的漩涡随处可见，就连我们在游泳池里扎个猛子都能造出几个小漩涡，它们亲切可喜，装点着我们的生活。

海洋中的漩涡

如果在海洋中遇到大漩涡，就不太乐观了，很可能会有危险。在早期的一些航海记录中，除了风暴和海啸，水手们最怕的就是大漩涡，漩涡边缘的水流围绕中心快速旋转，一旦被它拖入其中就很难离开，据说百慕大海域的失踪事件中也有船被这样的大漩涡吞没。

漩涡是怎样产生的呢？要知道，海洋中可没有像海洋馆中那样驱动水的涡轮片。事实上，海洋中的漩涡最常发生在两个具有不同潮汐周期的、较大水体通道的连接处，不同高差的水体受到海底地形和反向潮流推动的影响，形成了漩涡，其中最著名的就是位于挪威西海岸的"大漩涡"。

挪威西海岸的"大漩涡"

是的，它的名字就是这么朴实，就叫"大漩涡"。这里的水极寒，"大漩涡"极具破坏性的漏斗状水体能毁掉大量的船只。据说当地一名渔民曾亲历"大漩涡"内部，在漩涡中心挣扎6小时才得以脱身，他的经历被作家艾伦·坡写成了短篇小说《下到大漩涡中去》，挪威西海岸的"大漩涡"也从此声名大噪，成为很多猎奇者和探险家的旅游胜地。

● 挪威旋涡

"希腊无底洞"

近年来，另有一处海洋漩涡脱颖而出，成为人们议论的话题，各类媒体纷纷用"令人惊叹""神秘莫测"等词汇来形容它，那就是位于希腊爱奥尼亚海域的"希腊无底洞"。

据称，每天有 3 万吨海水流入这个漩涡，但这些水并没有流出，就好像流进了一个无底洞一样，因此，它也被媒体称为"地球的漏斗"。

那么，人们是怎样证明这些水没有流出来呢？据称，考察人员将大量的染色剂倒入这个漩涡，然后在周围海域检测是否有海水含有这些染色剂的成分。结果是否定的。但这个结果并不足以让人信服。有人提出，可能是因为染色剂被大量的海水稀释了才无法测出。于是另有一支考察队将一百多千克特制的塑料粒子投入这个旋涡，塑料粒子是粉红色的，略轻于海水。使用这种方法总能测出入水的流向吧，结果这些塑料粒子仍旧不知所踪。消息传出后，"希腊无底洞"声名鹊起，人们以此为题展开丰富的想象，有人说这个无底洞连接着地下海洋，就像《地心旅行记》里描述的那样，成为地下海洋的一部分；还有更耸人听闻的说法是，这些消失的水流入了另一个维度的空间，滋养着另一种文明……各类媒体不断推动着这场"想象力大赛"，最终在"希腊无底洞"的称谓上盖了一个"不解之谜"的印章。

对"希腊无底洞"的新发现

如果你来到"希腊无底洞"附近，可能会对它大失所望，眼前这个漩涡不比泳池放水时产生的漩涡大多少，再回头仔细琢磨，每天 3 万吨的水量只是听起来令人咋舌，实际上换算一下每秒只有三百多升，这对于海洋中流速极快的漩涡来说只是毛毛雨。至于这些海水的去处，让我们来看看另一支考察队的调查结果。1959 年和 1961 年夏，奥地利格拉茨水文协会组织了一支考察队，与希腊地质学家一起对这个无底洞进行考察，他们对附近水域的水质进行了各项基本检测。两年后，准备充分的考察队再次来到无底洞，他们向无底洞倒入了一百多千克被称为荧光素钠的荧光剂，结果确实没有在投入点附近发现含有荧光剂的海水。但是考察队并没有放弃，第 16 天，他们终于在海岛另一侧的洞窟中发现了流出的黄绿色的荧光剂，此后几天又在洞窟附近的其他泉眼中发现了涌出的荧光剂。考察队推断，在所谓的"无底洞"漩涡下与另一侧的洞窟间有一条地下暗河横穿海岛，被吸入漩涡的海水沿着暗河流到了海岛另一侧的海洋中。自此，"希腊无底洞"的说法不攻自破。

漩涡内的水是一个闭环

虽然"无底洞"的说法已被证明是无稽之谈，但科学家们对海洋漩涡的研究却没有停止，很多实验证明漩涡内的水是一个相对的闭环。例如，在一个底部含有一层沙子的水缸中制造漩涡，如果驱动力不变，你会发现最终在漩涡中旋转的沙子就只有那些，它们在漩涡中旋转，不会外溢。向水面投入一些杂屑，撒入漩涡边缘的杂屑会被漩涡"捕获"，跟随水流快速旋转，最后聚在漩涡的下部打转，比较轻的杂屑还会沿着漩涡反复上下旋转；而在水面投入的未进入漩涡边缘的杂屑会逐渐沉入水底静止，即使离漩涡较近也不会被卷入。向"希腊无底洞"倒入的荧光剂没有在原地溢出，而是全部进入暗河通道也是这个道理。

漩涡促进循环

漩涡仿佛让水与水之间产生了屏障，漩涡里的水在锥形的漩涡体内循环，将表层的水输送到底层，又旋转向上，这对于海洋生态和气候环境都有很大的影响。2012年美国宇航局发布了一张卫星照片，显示在大西洋上有一个直径超过150千米的巨大漩涡，科学家们表示，这样的漩涡带来的不一定是毁灭，反而可能会促进海洋表层与深层海水的交换，从而将海洋表层的溶解氧和食物颗粒输送到海洋深层，而将海洋深层的营养盐等物质输送到表层，供浮游植物进行光合作用，制造有机物，保证了海洋各深度的生物的营养供应，给贫瘠的海区带来生命繁衍所必需的物质和能量。

"魔鬼三角区"和"海洋无底洞"等故事虽然大多有夸张和想象的成分，有的甚至已经被证明是子虚乌有，但海洋是如此浩瀚，不解之谜比比皆是。随着人类文明的进步和社会的发展，人类对大自然的研究能力越来越强，曾经的不解之谜正在逐渐被人类解开，但人类也会遇到更多的不解之谜，我们自认为已经解开的谜底之下也许深藏着更多的谜底。人类的历史在地球的时间长河中不过是一瞬间，还未解开甚至还未发现的自然奥秘正在等待我们去探索、去解密。

知识小卡片

漩涡 流体旋转时形成的螺旋形圆窝。水受到地球自转的影响，受一个水平方向的力作用，根据力的合成原理，水实际上受到一个斜方向的力作用，所以产生了漩涡。

形形色色的海浪

自古以来，人们对于水的看法是复杂的。道家以为"水无形而有万形"，《孙子兵法》中也有"兵无常势，水无常形"的字句，这是古人对水最朴素的看法。水是没有形状的，盛水的器皿决定着它的形状，就像山谷决定了其间湖泊的形状，河岸的高低起伏决定了河流的流向和形状。同时，随着外部条件的变化，水也时时处于变化之中。在平原上，河流通常是平缓的，遇到山时它会绕行，遇到缺口时它会变成急流、掀起浪花，遇到转弯时它会冲击迎向它的堤岸……

水波是如何形成的

水的形状之所以变幻莫测，是因为水是流体，会在地球引力的作用下由高处向低处、由压力大处向压力小处流动，而流动又受到容器、河岸（湖岸和海岸）形状、地势等多种因素的影响，使得水的运动看上去不可捉摸，而水的运动必然会形成形形色色的水波。

让我们先来做几个小实验，观察一下水波是如何形成的。

向一片平静的湖面投下一枚石子，石子会激起水花，向四周辐射出一圈圈涟漪。这些涟漪不断向外推动，一直延伸到很远的地方才逐渐消失。仔细观察，你会发现，越是平静的水面，这些波传递得越远。

用一把扇子用力扇湖边的水面，水面会被扇起波纹，与投石引发的向外辐射的圆形波纹不同，扇子扇出的波纹的传播方向总是与风向一致，而且扇动的时间越长，水波传递得越远。

用一根树枝伸入水中来回搅动，水面也会产生波纹，这时的波纹会随着树枝搅动的方向而变化，当树枝向一个方向搅动时，波纹在树枝入水的两侧产生，就像船在水中行驶一样，在后面拖出一道长长的波纹。将树枝往回拉时，先前的波纹就会被搅乱，直到无波处才会重新形成完整的波纹。

向湖中撒下一把鱼食，不久后，成群的鱼会从各处游来，在水面激起一道道波纹，当它们抢食时还会翻出更大的水花。

上面的实验虽然简单，但却告诉我们一个道理：水的这些变化都是以波的形式表现出来的，而这些波都是由扰动引发的。无论是投入水中的石子、扇子扇的风、树枝在水中的搅动，还是鱼儿的游动，都是对水做出的扰动，这些扰动向水施加了力或者动能，水就将这些力和动能以波的形式向远处传递出去。

风浪的形成

对于海洋来说，大部分表层的水波都是由风的扰动产生的，我们把它称为风生浪，或者风浪。

要弄清风浪的成因，我们先来了解两个名词：动能和重力势能。

物体由于运动而具有的能量称为物体的动能。物体由于被举高而具有的使得物体向下方运动的能量称为重力势能。

在风浪形成的过程中，风吹动海面，推动海水运动，引起海水的起伏变化，就是将风的动能转化为水的动能的过程。水将动能以波动的形式传播出去，就是海浪。动能是可以计算的，它的大小是物体质量与速度平方乘积的二分之一。所以物体的质量越大、速度越快，动能就越大。在宽广的海面，如果吹在其上的风的风速大、风向稳定、时间长，那累积的动能势必很大，海浪也必定很大。

同时，海浪的起伏又产生了波峰和波谷，两者间的高差产生了重力势能。重力势能的大小也是可以计算的，由物体的质量和高度所决定，也就是说，海浪的波峰越高，掀起的海浪越大，产生的重力势能就越大。有时一个高浪拍下来，可以将船只掀翻甚至拍碎。

风浪的等级

总的来说，风浪大小通常是由风力大小和持续时间决定的，我们常在天气预报中听到大风预警播报，孩子们也早早就会背十二级风歌谣：零级烟柱直冲天……六级举伞步行艰……十一二级陆少见。但少有人关注海浪的分级，即使知道，也没有明确的概念。海浪是根据波高大小来分级的，通常分为 10 个等级。

0 级：无浪，海面水平如镜；

1 ~ 5 级：分别称为微波、小波、小浪、轻浪、中浪，波高 0.1 ~ 2 米；

6 级：大浪，波高 3 ~ 4 米；

7 级：巨浪，波高 4 ~ 5.5 米；

8 级：狂浪，波高 5.5 ~ 7.5 米；

9 级：狂涛，波高 7 ~ 10 米；

其他：浪高超过 20 米的称为暴涛，是非常罕见的，因而未被正式定级。

海浪的等级通常与风力的等级相对应，风力等级越高，海浪的波高也越大，对海上作业和海岸造成的影响也越大。在大风天气，渔民会将船只停靠在避风的码头或者锚泊地，加固锚链和船上设施，以免船只被海浪损坏或者吹走，巨大的海浪也会对海上和海岸设施带来毁灭性的破坏，一些海上钻井平台会因巨大的海浪而移位或者倾覆，更大的海浪会对滨海设施造成损毁。

每年全球都有大量的船只在海上失事，其中有一些甚至是体积庞大的集装箱货轮或油轮。即使现在的天气预报系统越来越完善，但在长期的远洋航行中，也难以避免地会遇到一些突发的灾害性天气。一旦遭遇飓风和风暴潮，这些庞然大物就难以躲过巨大的风浪袭击，很难在海洋的暴虐中全身而退。

无风之浪

当然，广义上的海浪可不单指风浪，还有涌浪、海底地震、火山爆发、塌陷滑坡、大气压力变化和海水密度分布不均等外力和内力作用下形成的海啸、风暴潮及海洋内波等。它们都会引起海水的巨大波动，这才是真正意义上的"无风之浪"。

我们在海滩玩时会发现，尽管没有风，海边却有一波波的波浪涌来，这些波浪看起来整齐又平缓，波面平滑，波线很长，少有浪花，这就是涌浪，涌浪是天体引力和地球自转作用下形成的海浪。

　　海洋是如此之大，而且在昼夜不停地变化，无时无刻不以海浪的形式展示着它无穷的力量，海洋不停地运动，产生的动能和势能累积起来的能量是惊人的。据科学家测算，在全球海洋中，仅风浪和涌浪的总能量就相当于到达地球外侧太阳光能量的一半。要知道，太阳光能量可是地球表面最主要的能量来源，其中的一部分被陆地植被和海洋中的藻类、光合细菌，以及海岸带的红树林、潮下带的海草床等吸收，成为驱动陆地生态系统和海洋生态系统运转的初级动力。

海浪有如此大的能量，是不是值得我们去投入更多的关注和研究呢？正如好马都是有脾气的，被驯服之前可能会对人和事物造成伤害，一旦驯服，就会成为宝马良驹。海浪的能量可再生、无污染，如果人们能研究出相关的技术和途径对其进行合理利用，例如，用海浪发电，必然会收获非常可观的绿色能源。

● 海上风力发电

● 海上太阳能发电

🌊 知识小卡片

海浪 最常见的海水物理运动现象，指由于风和海水的潮汐作用引起的海水在海面上的波动现象。

与海浪共舞的冲浪运动

　　如果说，珊瑚礁与潜水天然绑定，那么灿烂的阳光、绵长的海岸线、柔软的沙滩就是冲浪运动的标配。

　　冲浪运动起源于公元 4 世纪的夏威夷。勇敢的男子踩着由面包树、相思木或是柳树制成的冲浪板与海浪共舞，努力以卓越的表现在族群中获取尊重，以提升在族群中的社会地位，或是赢得心上人的青睐。

冲浪运动的发展

　　由于冲浪危险、刺激，富有挑战性，这项运动逐渐在太平洋的岛国传播开来。夏威夷人杜克·卡哈纳莫库在 1912 年斯德哥尔摩奥运会上就提议将冲浪项目引入奥运会，又经过了一百多年的发展，全世界各地的人们逐渐领略到冲浪的魅力，使冲浪成为风靡全球的勇敢者的运动，并终于在 2016 年获得了国际奥委会的批准，冲浪成为奥运会新增加的五个正式项目之一。在 2024 年的巴黎奥运会，冲浪项目将会在大溪地（法属波利尼西亚）举行，这项运动经历了漫长的变迁与沉浮后，将迎来它的辉煌时刻。

　　冲浪是一项极具魅力与挑战的运动，需要冲浪人足够了解海浪，具有丰富的冲浪经验和技巧，同时，也需要足够的海洋条件，最重要的是，需要海面上有足够大的海浪。

风浪和涌浪叠加，就会使海浪变大。开阔的海岸和岛屿通常是冲浪者的天堂。例如，夏威夷的海岸、澳大利亚周边多处开阔海岸，都是适合冲浪的好地方。

驾驭海浪

从表面上看，冲浪好像只是划水、等浪、起身冲浪这一过程。实际上，每一位经验丰富的冲浪运动员都是一个优秀的"海洋物理学家"！他们十分了解海浪的物理习性，从而可以更好地驾驭海浪。他们在冲浪时，不仅受到重力、浮力的作用，还受到波浪中水流的冲力。

当冲浪板的一侧卡住浪壁滑行时，冲浪板就会阻挡水流向上的冲力，给水流一个向下的压力和向后的摩擦力。根据牛顿第三定律，水流也会给冲浪板一个向上的反作用力，使冲浪板能够卡在浪壁上并被推动着向前运动，如果冲浪板能够使更多的水流改变方向，顺着冲浪板从板尾流出，就能够获得更多向前的力，从而提高速度。冲浪运动员不停地在冲浪板上回旋摆动，就是为了从水中获得更多的推力。

冲浪运动员在冲浪时也尽可能地卡在浪壁较高的位置，在这个位置，水流方向与冲浪板底部的夹角更大，在重力作用下有更高的冲程获得加速度，而水流竖直向上的分量更大，有更多的水竖直冲向冲浪板，再顺着冲浪板尾流过，给予冲浪板更大的向前摩擦力。反之，如果在浪的底部，水流与冲浪板底部夹角很小，大部分水流顺着冲浪板底部横向流出，难以被改变方向，冲程也短，就很难提高冲浪速度。经验丰富的冲浪运动员会根据这个原理通过调整冲浪板和水流之间的相互作用来完成各种炫酷的动作。

当冲浪者从浪壁高处俯冲时，获得了一个较大的初速度，然后在浪的底部转向，使得水流能够垂直冲击冲浪板，获得加速度，再次抬升冲向浪壁的高处，如此循环往复，可以滑行很长时间。初学者们如果好好研究一下海浪的物理特点，就能更快地掌握冲浪技巧，体验到从浪卷中穿出的刺激和愉悦。

认识布朗运动

在漫长的科学发展史上，记录着浩如繁星的科学发现。这些科学发现的过程很多都是奇妙且有趣的。例如，牛顿由一个掉落的苹果发现了万有引力定律，阿基米德洗澡时由浴盆溢出的水发现了浮力定律。

这些故事常常给我们错觉，即科学发现只需要一个特殊的视角，需要一个契机的"灵光乍现"。实际上并不是这样的，绝大多数的科学发现和科学理论的建立都来自科学家们长期的观察与实践，有些甚至需要几代科学工作者前仆后继地努力，并且借助于经济的发展、技术的进步才能得以实现。对布朗运动的发现和认识过程就是如此。

🐙 布朗的发现

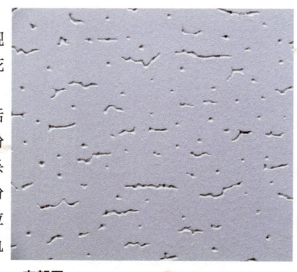
● 布朗图

1827 年，英国植物学家布朗在显微镜下观察微生物的活动特征时，发现水中有悬浮的花粉颗粒，这些细小的颗粒在不停地运动。

起初，布朗以为这是因为花粉是有生命活力、能在水中游动的生命个体，于是他将花粉晒干、浸泡酒精，如此折腾一番，想把花粉"杀死"后再观察。然而液体中"被杀死"的花粉颗粒仍然在不停地运动。布朗试图将花粉颗粒的运动轨迹画下来，却发现这些记录的运动轨迹毫无规律可循。

🐙 布朗运动

为了验证这种无规律的运动是一种常态，布朗对花粉在水中的状态一次次进行观察。他发现，当花粉颗粒过大时，它在水中是静止的，于是布朗不断将花粉磨细，直到必须用显微镜才能看到时，花粉颗粒才重新"活跃"起来。布朗还试图改变水温，他发现温度越高，花粉颗粒运动得越剧烈。后来，科学家们发现，除了花粉颗粒，其他悬浮在液体甚至气体中的微小颗粒也会进行这种无规则运动，因为布朗是描述这种科学现象的第一个人，后人就把这种微小颗粒在流体（液体、气体）中的无规则运动称为布朗运动。

没有生命的花粉为什么会在液体中进行无规则运动呢？布朗发现了这种现象，却没有找出产生这种现象的原因。在这之后的几十年里，科学家们对布朗运动进行了持续研究，有的还建立了分子模型。科学家们做了很多假设，他们猜测这种无序运动也许跟热能或者电场有关，为此做了大量的实验，但终究没能揭开其中的奥秘。

直到原子和分子的概念被人们广泛接受后，有科学家指出，布朗运动是由花粉颗粒受到来自不同方向的水分子的不均匀撞击产生的。

1905年，爱因斯坦根据扩散方程建立了布朗运动的统计理论。之后，贝兰等科学家借助齐格蒙发明的超显微镜进一步验证了这一理论。

至此，布朗运动作为分子热运动的直接证明，终于在科学发展史上留下了浓墨重彩的一笔。

🐙 布朗运动的原理

水是由水分子构成的，每个水分子都在一刻不停地进行无规则运动，这种运动称为分子热运动。水分子在运动的过程中遇到花粉等悬浮在水中的微粒，就会对它进行撞击。由于花粉颗粒比较小，所以在同一时间会受到来自各个方向的水分子的撞击，因为受到的各个方向的力不平衡，颗粒就会被推动，向某个撞击力较小的方向运动。

因为水分子的运动是无规则的，所以反映到花粉颗粒身上，它的运动也是无规则的。正因如此，布朗画的花粉颗粒运动轨迹图就像一团乱麻，想在这团乱麻中找出规律是徒劳无功的，只有把它们放到分子热运动的背景下才能理解。

🐙 布朗运动的五个特点

第一，对于悬浮在流体中的小颗粒来说，它在某一时刻受到水等流体中不同分子的撞击力的大小、方向都不相同，所以布朗运动是无规则的。

第二，液体、气体等流体的分子的运动是永不停歇的，所以流体分子对微小颗粒的撞击也是永不停歇的。

第三，颗粒越小、质量越小，运动状态越容易改变，布朗运动就越明显。

第四，温度越高，流体分子运动越剧烈，流体分子对颗粒的撞击力越大，小颗粒的布朗运动就越明显。

第五，进行布朗运动的颗粒很小，所以肉眼很难观察到，必须在显微镜下才能清楚看到。

做布朗运动实验

可以使用显微镜和采集到的花粉（比如，瓜类、玉米等植物的花粉）来观察布朗运动。把花粉浸泡在几滴水中，将包含花粉颗粒的液体滴到凹载玻片上，用高倍显微镜观察，你会观察到颗粒在不停地做无规则运动，这就是布朗运动。你还可以把花粉颗粒运动的轨迹在纸上画下来，这样就得到一张独一无二的布朗运动轨迹图啦。

常见的布朗运动现象

布朗运动的现象在自然界处处可见。

春暖花开的季节，公园里花香扑鼻而来，尤其是当风从正在开花的树上吹过来时，阵阵花香沁人心脾。即使没有风，在花的附近也可以闻到花香，这是因为形成花香的气味分子通过布朗运动弥漫在周围的空气中，进入了鼻腔。

大海中的鲨鱼可以闻到千米之外的血腥味，一方面是因为洋流将某处的血液带向洋流的下游，另一方面是因为血细胞会在海水中做布朗运动，逐渐弥漫到整个海域，加之鲨鱼对血腥味极其敏感，会闻到海水中很淡很淡的血腥味，进而根据血腥味寻找到受伤或者死亡的猎物。

🐙 结语

重温布朗的实验，重走科学前辈的足迹，对于每一个热爱科学的人都有着重要意义，它能让我们放下那些好高骛远的想法，沉下心来面对我们所热爱的一切。虽然今天的科学发展水平与 200 年前已经不可同日而语，但无论是明悟的牛顿，还是困惑的布朗，抑或未来走向科学道路的你，科学发现永远来自观察、思考和实践，来自科学工作者对未知的追求、探索与不懈的努力。

🔊 知识小卡片

布朗运动 微小颗粒物在流体（液体、气体）中不间断的无规则运动现象。该现象由英国植物学家布朗于 1827 年在显微镜下观察微生物活动状况时发现。

无处不在的扩散现象

相比在显微镜下才能看到的布朗运动，扩散现象更容易被观察到。

取一杯清水，滴入一滴红墨水，红墨水入水后会迅速散开，像一朵快速绽放的红花，散开的范围越来越大，速度越来越慢，最终，红墨水与清水完全融合，杯中的水显示出均匀的、浅淡的红色。红墨水融入整杯水中并均匀分布，这就是扩散现象。

扩散现象的原理

自然界中，一个系统内的物质或个体，在没有外力的作用和干预下，总是由有序状态向无序状态发展，即越来越混乱无序，直到达到一个相对静止的不向更加无序方向发展的状态。这是物质或者系统的基本物理性质之一。

以红墨水在清水中的扩散为例，在红墨水刚刚滴入清水的瞬间，红墨水和清水是完全分开的，红墨水是红墨水，清水是清水，这时杯子里的液体系统处于有序状态。红墨水滴入清水中以后，二者都成为水杯这个系统中的物质，于是，红墨水分子和清水分子就会发生布朗运动，从而逐渐扩散，互相融合，越来越混乱无序，最终，红墨水分子和清水分子均匀分布在杯子里，达到相对静止的状态。

生活中的扩散现象

如果你留心观察，会发现日常生活中有数不清的扩散现象。例如，在北方的冬季，我们常常会看到热力公司高烟囱里冒出来的白烟，烟的尾巴在高空中渐渐散逸、变浅，直至消失不见，这是因为组成白烟的物质分子逐渐扩散到空气中，被空气稀释，变得越来越淡，最后人眼就看不到了。

走过人潮汹涌的商业街，扑面而来的是各种"味道"：距离 5 米远的路边店飘来美食的香味、刚刚启动

● 水渍扩散

的汽车喷出一股子呛人的尾气；回到家中，餐桌上摆着妈妈精心烹制的菜肴，从咸香的烤鱼中能品尝出盐、花椒、孜然等调味料的味道……这一切现象的背后都存在着物质扩散。

扩散现象只在气体和液体中发生吗

看到这里，你是不是会以为扩散现象只存在于气体和液体中呢？其实扩散现象存在于所有状态的物质中，扩散是所有物质的物理性质之一。气体和液体是流动的，其中的物质很容易交换，扩散也就很容易发生。而固体看起来是固定不动的，但扩散同样存在。将两块表面平滑的、不同的金属贴合、压紧，经过比较长的一段时间后，我们会在两块金属的接触面内部发现对方的分子成分。注意，这里说的是相邻金属的内部而不是相互贴合的表面，这就证明了固体中也存在扩散现象。

扩散现象如何产生

那么，是什么导致扩散现象产生的呢？特别是固体，一些金属、岩石的硬度都是相当高的，它们各自的分子是怎样钻到对方内部去的呢？

布朗运动反映了一切物质的分子都在不停地做无规则运动。扩散现象就是分子通过布朗运动从高密度（高浓度）区域向低密度（低浓度）区域的运输过程，它主要是由密度差引起的。这是物质系统的一种物理性质，两种物质的密度（浓度）差越大，扩散就越容易发生，物质由密度高处向密度低处扩散的速度就越大。

还以上述红墨水在清水中的扩散现象为例，将红墨水滴入清水中时，红墨水水滴中红墨水分子的浓度最高，而清水中红墨水分子的浓度为零。相反，清水中的清水分子相对于红墨水水滴中的清水来说浓度最高，于是红墨水水滴中分子向清水中的扩散速度和清水分子向红墨水水滴中的扩散速度都处于最高状态，虽然表面看上去红墨水在清水中的扩散速度很快，实际上清水在红墨水中的扩散速度也很快，只是不易被察觉而已。

随着扩散的进行，红墨水水滴中的红墨水分子扩散开来，红墨水分子密度越来越小，因此扩散速度就降下来了，直到红墨水分子与清水分子完全融合，处于相对静止的状态。这时，虽然表面看上去是静止的，实际上里面的红墨水分子和清水分子仍然在做着无序的布朗运动，只不过由于杯子里各处不同物质的浓度相等，完全混匀了，看上去红墨水不再扩散了而已。

温度越高，扩散速度越快

在扩散运动中我们发现，温度越高，扩散速度越快。观察布朗运动时也会发现，温度越高，悬浮微粒的运动就越明显。这些都表明分子的无规则运动与温度有关，温度越高，运动就越剧烈，因此我们把分子永不停息的无规则运动称为分子热运动。扩散现象就是由分子热运动产生的质量迁移现象。

分子质量迁移

气体分子间的空隙很大，因此分子热运动的速度也很快，由于运动时分子间互相碰撞，每个分子的运动轨迹都是无规则的杂乱折线。温度越高，分子热运动就越激烈，速度就越快。

固体分子间的吸引力很大，因此，绝大多数固体分子的热运动只能在各自的平衡位置附近振动，这是固体分子热运动的基本形式。

但是，固体里也会有一些分子的热运动速度较快，具有足够的能量脱离平衡位置，能从一处移到另一处，有的分子还能进入相邻物体，这就是固体发生扩散的原因，当达到一定温度时，扩散速度也会加快。

固体的扩散在金属的表面处理和半导体材料生产上很有用处，例如，钢件的表面渗碳法（用来提高钢件的硬度）、渗铝法（用来提高钢件的耐热性），都是利用了金属的扩散性质；在半导体生产工艺中利用扩散法渗入微量的杂质，可以达到控制半导体性能的目的。液体分子的热运动情况跟固体相似，其主要形式也是振动。但除振动外，还会在外力，如重力作用下发生移动，这使得液体有一定体积而无一定形状，所以具有流动性；同时，其扩散速度也大于固体。

🐙 呼吸扩散

人的呼吸过程可以看作氧气和二氧化碳在肺泡和人体组织里的扩散，人的消化过程可以看作营养物质在血液循环中的扩散。人在海上遇险，不能喝海水解渴，也是由于水和盐分的扩散性质。人感觉渴，是因为细胞中缺水了，需要补充水，但海水中盐分的浓度要高于人体细胞中盐分的浓度。当人喝了海水后，人体肠道细胞接触到海水，细胞中的水分就会从细胞中渗出，而海水中的盐分则会渗入细胞，这样不但不解渴，还会使人感觉更渴，还会损伤甚至杀死肠道细胞，而且海水中的盐分成分复杂，进入血液的海水除了会损伤细胞，还可能会使人中毒。

🐙 带着"扩散思维"看世界

如果你带着"扩散思维"去看这个世界，会发现扩散几乎无处不在。可以说，整个地球上的大气循环、水循环、地球内部的物质交换都离不开扩散的参与。因此，我们才说地球是一个"村"，而人类是一个命运共同体。以海洋来说，向海洋中倾倒垃圾，排放污水，特别是含危险废物的垃圾和污水，影响的绝不只是周边地区。地球上的海洋是贯通的，这些有害物质会随着海浪、洋流扩散到世界各处，就像滴入清水的墨汁，终有一天，会到达海洋中的每一个角落。

也许你在远隔千里的地方扔掉的垃圾，兜兜转转会以另一种形式重新来到你的面前，比如，餐桌上的那道鱼汤。已有报道，在很多海水鱼体内检测出了微塑料颗粒。这就是人们丢到海里的塑料垃圾，在海水中形成颗粒扩散到海洋的各个角落，通过食物链到达鱼类，或者更高级的大型海洋动物的体内。所以不要把随手扔垃圾视为一件不经意的小事，它关系到环境保护，关系到我们每个人的生存。

〽 知识小卡片

扩散 物质分子从高密度区域向低密度区域转移直到均匀分布的现象。

力、温度、密度

我们的学习和探索像拆解积木再拼合的过程，当整体的庞杂令人无措时，我们会把它拆分到最小单位，尽一切所能去观察、推理、实验，在拼合的过程中不断去碰撞、试错，寻找一切的相关性，最终拨开云雾，终成正果。对海洋的认知也是如此。科学与技术的先驱者们从海水的构成，到海水的盐度、密度、浮力、压力……一点一点地揭开海洋的奥秘，最终让数十万吨的油轮行驶于海面，让载人深潜器下探至万米深海；从海水中分离出淡水，又让荒滩变成盐田。当你掌握了海洋的密码，这一切的神乎其技都变得理所当然。

海水的压力

在电影中我们有时会看到汽车落水的情节，车里的人惊慌失措，想要逃出来，但无论怎么推车门、拍车门，都无法打开车门，车里的人由此陷入绝境。为什么平常轻轻松松就能打开的车门，车子落水后就打不开了呢？

这就要从水的压力说起。

物体的压力

力是一个物体对另一个物体的作用，前者为施力物体，后者为受力物体。推动自行车向前运动，就是对自行车施加了推力，自行车是受力物体。压力是力的一种，指的是施力物体将受力物体压紧的力。地球上所有的物体都在地心引力的作用下产生重力，重力的方向指向地心，也就是向下垂直于地球表面。因此，物体会对其下方托住它的物体产生向下的压力。

重力与浮力

重力对固体和流体的作用效果不同。固体不会流动，重力使得固体只产生垂直向下的压力；而流体很容易在力的作用下变形，重力除使流体产生垂直向下的压力外，还会使流体改变形状，流向低处，从而对侧方产生压力。流体对下方和侧方物体产生压力的同时受到下方和侧方物体包括流体自身的反作用力，这个反作用力就是浮力。重力、浮力使得流体改变形状，直到不再改变为止，此时，流体对下方、上方、侧方的压力就达到了一个暂时的平衡状态，也就是各方的压力相等的状态。

当汽车落水并逐渐沉入水中时，车门受到的水的压力会随着水深增加而逐渐变大。平时车门很容易打开，是因为车内外的气压是相同的，但到了水里，车门外增加了水压，而车内没有进水时只有气压，于是车门就越来越难以打开了。因此，当乘车过程中遇到落水的险情时，最重要的是保持冷静，争取在落水的第一时间打开车门和车窗逃生；当无法打开车门时，要减少运动量，深呼吸，静待水漫入车厢，当车厢内外水压达到平衡时，车门就容易打开了，在最后时刻屏住呼吸，打开车门游出车逃生。

水压

地球表面的空气有重量，因此空气有气压，地球上所有的物体都在承受着大气压的作用，包括人。海拔越高，气压越小，因此，在海平面上气压最大，大约是一个大气压，也就是说，你身上每一平方厘米都承受着约 1.033 千克重的空气压力。根据测算，海拔每升高 9 米，大气压会下降 0.1%，因此，在海拔接近 3000 米的长白山最高峰上，大气压会比在青岛海滨降低近 1/3。

同理，水也是流体，会在重力作用下产生水压。因此，水对各个方向都有压力，当我们把一个物体放进水里的时候，这个物体就会受到来自各个方向的水压。水压，归根结底是由于水的重力而产生的。可以想象，水越深的地方，上方的水越多，重力越大，水压就越高。根据测算，水深每增加 10 米，水压就会增加约 1 个大气压。水面的空气气压是 1 个大气压，那么在水深 10 米处的水压就是约 2 个大气压，水深 100 米处的水压就是约 11 个大气压，以此类推。

因此，在深海，水压非常大。正因如此，深海的鱼没有鱼鳔。鱼鳔需要气体来填充，因为水压太大，在深海往鱼鳔里充气会非常困难，也会因为水压太大而导致充气的鱼鳔被压碎，造成鱼的死亡。

我们可以在几十米深的珊瑚礁潟湖里穿着潜水服背着氧气瓶潜水，观察海底环境或者采集样品。但如果到数百米深或者 1000 米以上的深海去考察，就需要乘坐专门的载人深潜器，因为人体对水压的承受能力有限，载人深潜器的载人舱是一个球形的坚固"铠甲"，可以抵抗深海的巨大水压，使得舱内的气压依然是一个大气压，里面的人感觉就像在海面上一样。

深海鱼抵抗水压的能力

虽然深海中压力很大，但深海动物们个个身怀绝技，都有各自的法宝来抵挡深海中的高压。那么问题来了，深海鱼是如何抵抗住水压的呢？它们靠的是"软骨头"。老子《道德经》有云：刚者易折。面对巨大的水压，深海鱼不像载人深潜器的载人舱那样拥有一个坚硬的外壳，可以硬碰硬地抵抗高压，而是反其道而行之，用柔韧的身体构造顺应外力。比起它们的浅海近亲，许多深海鱼的骨骼和肌肉比例都较低，骨骼骨化不完全，软骨比例明显较高，身体由大量脂肪和胶质填充，以使体内与体外压力一致，因此即使深海压力很大，它们也能保持基本的身体形状，不会被压扁。

 ## 杜父鱼

杜父鱼（学名叫作软隐棘杜父鱼）生活在 1200 米深的海底，身上长了很多刺，没有鱼鳔，而是用油脂代替鱼鳔的功能。当它被打捞上岸后，身体变形，头部变得像一个忧伤的人脸，整个身体也会像水或者软泥一样摊在地上，因此也被称为水滴鱼。在海面上，巨大的水压消失，杜父鱼身体内部的各个器官会失去压力的压制，体内用以平衡外界压力的油脂和胶质物便急速膨胀，将皮肤撑起来，甚至能把皮肤撑破，造成不可逆转的损伤，这使得离水后的深海生物会比浅海生物更快地死亡。

● 杜父鱼

狮子鱼

除了杜父鱼，还有一种名叫马里亚纳狮子鱼的深海鱼，它们居住在全世界最深的马里亚纳海沟8000米深的海底，是迄今已知的栖息深度最深的深海鱼类。在这么深的海底，它们的身体不仅在组织结构上承受重压，就连细胞甚至分子都要承受重压，其细胞膜的脂肪含量、蛋白质的结构都会发生适应性变化，以应对深海极端压力的挑战。

●狮子鱼

流体内的液体压力大小除了跟深度有关，还跟流体的密度有关，密度越大，压力越大。海水的密度略大于淡水，所以海水水压要高于同深度的淡水的水压，同理，水压也会高于油压。液体的密度远高于气体，同样高度的情况下，液体压力就明显高于气压。

知识小卡片

气压 又称大气压，指的是由于空气分子的运动对物体表面的碰撞引起的对空气中物体的压力。空气密度越大，含有的分子越多，产生的气压就越高，因此，随着海拔的升高，大气压会由于空气密度的下降而变小。

水压 海洋中的水由于重力的作用而对水中的物体包括海水自身产生的压力。由于水是流体，因此任何一个点的水压都来自周围任何方向，也传向周围任何方向。由于上层水的重力叠加作用，越深的地方水压越大。水压与水深成正比。

下潜到大洋的最深处

　　2020 年 10 月 27 日，我国自主研制的载人深潜器（也称为深海探测器）"奋斗者"号在马里亚纳海沟成功下潜，突破 1 万米水深，达到了 10058 米，刷新了中国载人深潜的纪录。11 月 10 日，又在深度 10909 米处成功坐底，打破了刚刚创造的中国载人深潜纪录。这一天，是中国深潜事业的重要里程碑，也是中国人扬眉吐气的好日子。

"奋斗者"号载人深潜器的载人舱外壳是由我国自主研发的高强度、高韧性钛合金打造的，由于这种钛合金材料抗压能力强大，"奋斗者"号载人深潜器理论上能够达到约15000米水深处，比马里亚纳海沟的最深处（约11034米）还要深。因此，乘坐"奋斗者"号在地球上所有深度的大海里下潜都是安全的！

"奋斗者"号仿佛一双好奇的大眼睛，将中国科学家的视线拓展到了人类不曾涉足的神秘的深海环境中。这并不是人类下潜探索海洋的开始，也不会是结束。早在亚里士多德时期，人们就开始进行观测和描述海洋的工作。"水下的世界是什么样子的？"也由此成为笼罩在人类这种陆地生物头顶的一朵巨大的疑云。从此，"下潜"成了人类的一个目标。

可是，对于已在陆地上生活了上百万年的人类，下潜并不是一件容易的事情，首先需要克服的就是呼吸问题，因为人是靠肺呼吸空气中的氧气而生存的。

人类最初的潜水活动

人类最初的潜水，完全是通过憋气来实现的。潜水者通过苦练憋气延长在水下的作业时间。这种方式的潜水，大多是以捕获10米水深以内的海产品和探寻宝藏为主。例如，人们会利用潜水在水下寻找珍珠蚌来获取珍珠，也会在沉船周围潜水，试图获得沉船上的宝物。

潜水设备——呼吸管

然而，憋气终归是一种对从业人员要求非常高的技术，而且人在水下憋气的时间也很有限。随着人们对水下作业需求的提高，各种潜水设备不断被发明出来，技术也日臻成熟，憋气逐渐被呼吸管取代。

据我国明代的《天工开物》记载，潜水者在入水时会携带一根锡质的空管，空管膨大的一头罩在鼻子上，另一头则高出水面。这样一来，潜水者就可以依赖这根空管在水下呼吸到空气了。

虽然利用空管呼吸大大提高了下潜的效率，降低了下潜的门槛，但这仍然是一项非常粗糙且危险的技术。当时的潜水者往往会在腰上系一根绳子，出现意外时就拉动绳子，发出信号，以便在水面的同伴及时搭救。可随着下潜深度的增加，潜水者和绳子受到的各种扰动也会增加，救援的开展也会受到干扰。所以此时的潜水，仍然是一项充满不确定性因素的高危工作。

潜水钟

既然人必须呼吸空气，那能不能把空气带到水下呢？相信大家在日常生活中都见过这样一个实验：当我们平稳地把杯子倒扣入水中时，杯子中是不会进水的。这是因为杯子中有空气，空气产生的气压把水隔绝在杯子的外面。如果我们把这个杯子放大，放大到可以装下一个人，是不是就可以让人被气压保护而与水隔绝呢？最早的水下呼吸装置就是利用了这个原理。由于这种装置外表酷似大钟，被称为潜水钟。

在 2014 年韩国"世越号"的救援工作中，潜水钟作为一种能够下潜 70 多米、持续工作两三个小时的设备，凭借它的优势发挥了重要作用。

诞生于 16 世纪的潜水钟，最初是由木头拼接而成的，后来经过改进，密闭性更好的金属成了其主要材料。

水肺

经过长时间的改进、试验，20 世纪 40 年代，一种被称为自携式水下呼吸装置（也称为水肺）的设备被发明出来，潜水员通过这个装置连接一个氧气瓶，构成水肺系统，使用此装置可以下潜到 50 多米水深处。

携带水肺下潜到 10 米左右水深处，可以进行 1 个小时的作业，大大提高了潜水作业效率。至今水肺已是最流行的浅海打捞、采样、水下观光的工具。这种下潜方式就是我们平时常见的背着氧气瓶的自主下潜。水肺系统不仅为我们探索海洋奥秘提供了有力的保障，使得水下科考、探险等得以普及，而且为工业和军事等高等级的潜水活动提供了支持。至此，人类在解决水下呼吸的问题上迈出了一大步。

潜水员们需掌握潜水技术

潜水要解决的另一个棘手的问题就是如何潜下去。

在水中的物体，一边受到重力的作用而下沉，一边又受到水体的浮力作用而上浮。两种力量方向相反，它们的大小和物体的密度决定了物体最终是上浮还是下沉。由于人体密度与水的密度差不多，所以当人没入水中后，受到的浮力和重力的大小几乎相等。游过泳的人都知道，想要将身体下沉到泳池池底，并不是一件容易的事情。在海中下潜同样不容易，为了达到下潜的目的，潜水员不但需要特殊装备的协助，而且要掌握独特的潜水要领。

我们的肺可以储存大量的气体。肺只要充满了气体，就像在我们身上绑了一个大气球一样，使得我们更容易上浮。所以，潜水员们在潜水时要在身上加铅块作为配重，尽量使身体和所携带的水肺系统、作业工具等形成的整体的密度与水的密度大致相等或略高，从而突破悬浮的临界条件，达到下潜的目的。

虽然依赖姿势和呼吸设备可以让我们朝海底进发，但是下潜得越深，水压也会越大。根据记载，人类利用装备潜水的最高纪录是 332 米。这意味着，如果我们想探索更深层的海洋，必须依赖其他设备的支持，因此载人深潜设备应运而生。

潜水员会将身体呈现一定的角度，通过脚蹼打水、手臂划水在水下实现下潜和上升的目的。

 载人深潜设备的深潜原理

潜艇就是典型的载人深潜设备。潜艇都具有一种称为沉浮箱的装备，通过往沉浮箱中注水或者打入空气，来调节潜艇的密度与水的密度的相对大小，实现下潜和上浮。需要下潜时，沉浮箱的水口会完全打开，水流注入箱体，潜艇的重力增大，从而达到下潜目的。需要上浮时，就向沉浮箱中灌入压缩气体，压缩气体将水排出沉浮箱后，就变成了一个灌满气体的"气球"，潜艇整体的密度自然就变小了，当其小于水的密度时，就达到了上浮的目的。

虽然潜艇下潜和上浮的原理简单有效，但是这样的原理并不适用于像"奋斗者"号这样能执行万米深潜任务的载人深潜器。一方面，深海的巨大压力对载人深潜器的材料及材料间接口处的密闭性要求极高，特别是载人舱，任何极细微的缝隙都会对舱内人员造成巨大的伤害。因此，给本来就狭小的载人深潜器上安装一个可调节密度的沉浮箱是不现实的。

另一方面，海底的水压巨大，如果我们想在上浮时往沉浮箱中打气，就需要携带压缩气体的压力高于水压的装置，但是对气体进行极限压缩也是不切实际的。

所以，载人深潜器采用的是另一种下潜方式——无动力下潜上浮技术。在载人深潜器的两侧配备四块压载铁，这四块压载铁的重量足够克服载人深潜器受到的海水的浮力，使得载人深潜器能够下潜；当下潜到理想的作业深度后，抛弃其中两块压载铁，使得载人深潜器正好处于悬浮状态，便于在一定深度进行科研作业；当完成任务，想要上浮时，只需再抛弃最后两块压载铁，使得载人深潜器的浮力大于重力，就可以上浮到海面上了。这四块压载铁的重量是按标准制作的，而且每次下潜，载人深潜器、搭载的仪器重量，以及潜航员、科学家的体重都是经过严格计算的，从而保障每次下潜任务的成功。

"可上九天揽月，可下五洋捉鳖"，对未知的探索永远是人类最朴素和最执着的梦想。在这样的梦想下，我们一步步打破未知，一步步发现奇迹。我们仿佛能听到从古到今探索海洋深处秘密的人们在呐喊：下潜！下潜！到那大洋的最深处！

))) 知识小卡片

压力 两个物体接触表面的作用力，该力作用于表面而垂直于表面。例如，由于重力引起的上方物体对接触的下方物体的作用力；由于空气重力和分子运动对其中物体的作用力，即气压；用手推车时手对车表面的作用力。

不可思议的撞船事件

1911年9月20日，英国皇家邮轮"奥林匹克"号与一艘比自己小得多的英国皇家海军的铁甲巡洋舰"豪克"号撞到了一起。当"豪克"号行驶到离"奥林匹克"号右翼约100米的地方时，高速向前行驶的"豪克"号突然向左冲去，就好像"奥林匹克"号突然变成了一块吸引力巨大的磁铁，把"奥林匹克"号的侧舷撞出一个大窟窿，酿成了一起重大海难事故。

海上这类"船吸"现象并不少见，只是不如"奥林匹克"号撞船事件的后果惨重，而且这种现象也不只存在于海上，陆地上高速行驶的交通工具之间也会产生这种吸力。我们常常看到，距离火车或者地铁站台边缘大约1米处，有一条平行于轨道的黄线，在排队等待火车时，还会有工作人员不时地提醒乘客们站在黄线后面，不要越线。这是因为曾经有人过于靠近站台边缘，被驶过的火车"吸"到了站台下面，酿成了悲剧。

在站台上，急速驶过的火车就像大船"奥林匹克"号，站台上的人就像"豪克"号。在两者或者其中一方高速行驶的情况下，靠得太近就会被一股神秘的力量推到一起。

那么，这股神秘的力量究竟是怎么来的呢？其实，这一切都跟流体有关。

流动起来的水和空气分别叫作水流和气流。两艘船的相撞和火车把人吸下站台的不幸事故，正是水流和气流的变化在作祟。

著名的流体力学科学家丹尼尔·伯努利经过实验研究，得出这样一个结论：流体的流速越大，压强越小；反之，流体的流速越小，压强越大。由于伯努利发现了流体压强的变化效应，所以这个效应就以他的名字命名为伯努利效应。

两船航行的速度越快，就会使两船中间的狭小空间中的水流流速越快，从而使两船内外侧的压强差越大，最终导致两船相撞得越严重。如果靠得很近的两条船是相向航行的，那么两船间的水流速度更大，内外侧的压强差也更大，两船就更容易撞到一起。

对于科学知识的掌握可以让我们更好地理解生活中发生的各种现象，帮助我们更好、更安全地工作和生活。今天了解了伯努利效应，我们就能切实地理解一些公共场所安全设置的必要性，提醒自己和家人认真遵守各种法律和规范，以保障自身和他人、社会的安全。

《 知识小卡片

伯努利效应 流体的一种特殊物理性质，指的是流体的压强随流速变化的效应，即流体的流速越大，压强越小，而流体的流速越小，压强越大。这一现象由瑞士流体物理学家丹尼尔·伯努利于1726年经实验发现。

以水流和轮船为例，当轮船在广阔的大海上航行时，虽然大海相对于陆地是静止的，但对于向前航行的轮船来说，海水就是向后流动的，因此在轮船的两侧就形成了水流。当水流在广阔的范围内流动时，可以把它们的流动轨迹看成互相平行、互不干扰的直线。

当水流流动过程中遇到阻碍时，比如，有轮船在水中航行时，水流就会被扰动而绕开障碍物流动。

在这时，如果有两艘船并排向同一个方向航行，并且它们之间的距离非常近，就会在两船之间形成一个狭小的空间。当水流从广阔的水域流经这个狭小的空间时，就会被挤压，从而形成一个流速非常快的水流通道。这个通道中水流的流速与两船的船速成正比，船速越高，水流与轮船的相对运动的速度就越快，这个通道中的水流就比两艘船外侧的水流流速快很多。根据伯努利效应可知，流体的流速越大，压强就越小；流速越小，压强就越大。因此，此时两船外侧的水体对船的压强远远大于两船之间狭小空间中水体对船的压强。最终，来自两船外侧的更大的压力将两船向中间挤压，导致它们撞到一起。

同理，火车和人就像空气中的两艘"船"。虽然人没有像火车一样高速地前进，但火车对气流造成的扰动就可以使人与火车之间的气体流速加快许多，导致火车与人外侧的气流压强增大，从而将人和火车向中间挤压，又因为火车的重量比人大很多，根据加速度原理，同样的力会使质量较小的物体产生较大的加速度，人会明显被推向运动着的火车，所以最终的结果看起来就像是火车把人"吸"走了。

准备两张纸，将它们举到空中竖立，并使它们互相平行。这时，朝着两张纸中间的空隙吹气，会发生什么现象呢？

没错，两张纸吸到了一起！这就是伯努利效应产生的现象。

沙丁鱼风暴与
蝠鲼龙卷风

● 潜水者和沙丁鱼群

在太平洋到印度洋的群岛间，有许多世界知名的潜水胜地，这里是两洋交汇的中继站，是众多洋流汇集交融的集合点，大量丰富的海洋生物在这里栖息、繁衍，也吸引了众多世界各地的潜水爱好者在这里聚集。潜水爱好者可以在马尔代夫欣赏五光十色的岛礁和浮潜群落，在帕劳与水母共沉浮、跟银面鱼共起舞，或者到印尼的巴厘岛造访水下沉船，在诗巴丹沿水下峭壁徜徉探秘……在这些世界级的潜水目的地之外，还有一个颇受潜水爱好者喜爱的地方，它是位于菲律宾宿务的一个小小的渔村——墨宝，这里有几乎让所有潜水爱好者都心驰神往的名为"沙丁鱼风暴"的沙丁鱼群。

　　沙丁鱼个头小，最多不过成年人的一掌长，它相貌平平，没有什么明显特征，混在鱼群里也难找到。沙丁鱼也没有什么厉害的武器，比如尖利的牙齿、有毒的骨刺等，这样弱小的鱼种在海洋中很容易成为捕食者的目标，海豚、鲸、鲨鱼、金枪鱼、旗鱼和一些海鸟都将沙丁鱼视作美味，沙丁鱼也常年被列在人类的菜单上。敌人无处不在，为了保证种群的繁衍生息，沙丁鱼有自己的生存策略——以数量和集群取胜，数量庞大并且以群体形式生活在一起，这样被天敌捕食的概率就远低于个体单独生活，从而大大增加存活机会。

在墨宝，无论是浮潜（戴着呼吸管，主要在海面潜水）、自由潜（不戴任何潜水设备、仅靠腹式呼吸屏气潜水），还是携带氧气瓶的轻潜（SCUBA潜水），都能很容易地看到沙丁鱼群。它们成千上万地聚在一起，在繁殖季节，某些海域的沙丁鱼数量甚至达到数亿，从而在海中形成一条长而厚的鱼带。沙丁鱼喜食浮游生物，因此总是盘桓在近海较浅的暖水团中，大量的沙丁鱼聚合成一个庞然巨怪，它们或者团成球形缓缓地沿着中心旋转，或者缥缈如尘烟。当鱼团受到惊扰时，它们便迅如闪电般在水中翻转激荡，所有的个体仿佛中了一种灵魂魔法，密集又快速地向一个方向游，又在同一个位置突然转向，动作协调一致，就像练习了千百次的集体舞蹈，不会有任何的差池。

不单是沙丁鱼能聚集成"风暴"，在菲律宾、马来西亚和马尔代夫等地的珊瑚礁盘附近，运气好的潜水者们也会邂逅"杰克鱼风暴"或者"海狼鱼风暴"，这两种鱼都比沙丁鱼大，但从数量规模上都不能与沙丁鱼风暴相比。

🐟 鱼类对水流变化的感应

潜水者可以看到成千上万的鱼聚集在一起游动，游的速度相当快，有时还会突然加速，但并没有发生鱼儿左右相撞或者前后追尾的情况，它们究竟是怎么做到的呢？是真的有什么魔法或者"心灵感应"吗？

当然不是，科学不是魔法，如果说群鱼间确有感应，但也不是什么不可捉摸的心灵感应，而是鱼类对水流变化的感应。很多鱼虽然长着大大的眼睛，但它们的视力并不好，因为它们眼睛中的晶状体不能调节，尤其在浮游生物丰富的海域，海水的能见度并不高，许多大型鱼类或哺乳动物的速度又非常快，等眼睛看到再躲避就太迟了。鱼类更多地是靠身体两侧的侧线系统感知危险。下面以我们上面说过的两种风暴的主角为例。

● 沙丁鱼群受海豹的惊扰后形成一条鱼群隧道，反映了鱼群是通过感知水流变化来改变集群形状的。

头部侧线系统

身体侧线系统

吸盘　感觉芽

感觉细胞
神经

侧线管孔

侧线管　排水量　　表皮

侧线神经　神经乳突

●鱼类的侧线系统不单指侧线，还包括头部感官的其他分支，如眶上管、眶下管、鳃盖舌颌管、横枕管。

●鱼的皮肤也有感知作用，皮下分散着感觉芽，其间分布着感觉神经纤维，它们都通向大脑，这些感官形成的感觉系统相当于侧线系统，其感觉能力并不比侧线弱，甚至更强。

鲈鱼的侧线所在的鳞片上有许多小孔，侧线其实是由这些小孔排列而成的。这些小孔被称为侧线管孔，小孔下面互相连通，形成长管，叫作侧线管（又叫鱼腥线，有经验的厨师会把它抽出去以减少鱼腥气）。

侧线管中充满了黏液，当水流冲击身体时，水压会通过侧线管孔传入侧线管，再通过其下的侧线神经传达到大脑，让鱼感知水流温度、方向、强度和振动变化，以此判断周围是否有敌人来犯，是否有食物，确定自己是否靠近礁石和岸边，以及保证与队友的联络等。

●杰克鱼（六鳃鲹）体侧从鳃后黑斑处开始到尾部有一条横贯的前弯后直的细线，这就是它的侧线。

●海狼鱼（金梭鱼）的侧线又长又直。这些侧线并不是简单的装饰条纹，而是鱼类的皮肤感觉器官。

侧线系统相当于鱼类的定位系统，帮助鱼类更好地感知水流中的振动，避免碰撞、保持速度，不但使鱼类集群行动成为可能，而且成为集群鱼类统一行动的主要感觉系统。俗话说，团结就是力量。鱼类集群后，防御力和攻击力都有大幅提高，摄食效率也同步提高。

杰克鱼和海狼鱼与鲈鱼的侧线都很明显，且一侧都只有一条侧线，有些鱼类有两条以上的侧线。沙丁鱼没有侧线，这是不是说明沙丁鱼的感知弱呢？其实不然，沙丁鱼行动非常灵活、迅速，特别是在敌人来袭时，简直可以说动如闪电，靠的是皮肤感觉、视觉感知能力和该物种长期的群居协同行动的训练。

沙丁鱼风暴往往发生在浮游生物特别丰富的近海海域，庞大的鱼群不但震慑住了一部分捕食性鱼类，使自身免于被攻击，同时鱼群本身也占据了最好的摄食区域，就像一个大旅行团一股脑地涌进来，占领了摆满食物的大部分餐桌，其他人只好在餐厅外踟蹰，望食兴叹。在沙丁鱼洄游的季节，近岸的海水鱼群密布，从天空俯瞰，延绵数千米甚至十几千米都是黑压压的一片鱼群。

在洄游和繁殖季以外，沙丁鱼群的规模通常不大，它们经常会保持圆形环游，或沿着一个方向行进，这种一个挨一个地同向行进可以为它们节省很多力气，充分利用了尾流效应。尾流效应是指在流体中快速运动的物体会在物体的后面形成一个流体的低压区，在这个区域同向运动的物体受到的阻力较小，相当于前面运动的物体帮助后面紧跟着的运动的物体克服了部分前进的阻力，而周围的流体由于压力差的作用会流向这个低压区，从而给后面的物体一定的推力，使得后面运动的物体像被前面运动的物体"牵着"走一样。

赛车中也有尾流效应，前面高速行驶的赛车推开气流，在车后形成一个低压区，紧跟在它后面的车受到的阻力就小一些，用较小的动力就可以得到与前车同样的加速度，即使不把油门踩到底，也能跟住前车，而在距离、角度恰当的情况下，一旦将油门踩到底，爆发出来的力量就相当于前车的牵引力再加上自身动力之和，这种像装了弹簧似的突然增速被称为弹弓效应。因为空气和海水都是流体，尾流效应和弹弓效应每天都在天空和海洋中上演。

空中迁徙的雁群，由头雁负责开路，承担了最大阻力，后面的雁会与前、左、右的同伴保持适当的距离，使自己正好处于前方队友带来的低压区内，最大程度地降低消耗。而你追我赶的猎食过程简直就是各种尾流效应和弹弓效应的表演现场。

因为头雁克服的前进阻力最大，因此通常由雁群中最强壮的个体担任，因为迁徙过程较长，雁群还会不时地替换头雁。

蝠鲼龙卷风

说到鱼儿们对水流的利用，还得提一提蝠鲼龙卷风。每年的5月到11月，在马尔代夫的哈尼法鲁海湾，潮汐和洋流带来的大量磷虾和浮游生物都会引来近万只蝠鲼到这里觅食，潜友们经常会遇见三两只身着"黑袍"的蝠鲼在清澈的礁盘地带翩然游过，但想要路遇数百只蝠鲼巡游或观赏到蝠鲼龙卷风，就需要很大的运气了。

蝠鲼龙卷风并不常见，或者说被人记录下来的机会很少。不知道它们是怎样沟通联络的，总之它们结伴而来，到达食物丰盛的目的地后，就开始一个挨着一个地围绕中心转圈，数百只蝠鲼首尾相连地转圈，会形成一个螺旋形涡流，将它们爱吃的食物困在其中。这就与我们在水盆中撒一些沙子，然后用手沿着盆底外沿顺着一个方向在水中画圈，沙子就会聚向盆底中心一样。

科学家们把蝠鲼的这种绕着圈用餐的做法叫作"气旋摄食"，漩涡形的水流对于困住细小的浮游生物是非常有效的，翼展数米的蝠鲼体型巨大，却以细小的浮游生物为食，这要求它摄食的效率必须很高，也就是需要单位体积的海水中含有更多的浮游生物。这种首尾相连的方式既省力，又能通过涡流使浮游生物聚集，提高海水中食物的密度，蝠鲼就只管张开巨口，大快朵颐了。

生活在水中，就要借助水来发展技能，你还知道哪些鱼儿的技能呢？有没有值得我们人类学习和借鉴的呢？

飞鱼是怎么飞起来的

作为陆生动物的人类，对海洋和天空充满了向往，于是我们利用各种各样的工具，最终发明和实现了"上九天、下五洋"的壮举。其实我们人类并不是唯一具有好奇心和探索精神的物种，瑰丽的地球孕育了太多神奇的生命，它们勇敢地穿梭在不同的生存环境中。例如，青蛙可以在水体和陆地两种环境中自如地生活，被称为两栖动物；企鹅作为鸟类放弃了飞翔，却征服了冰面和海洋，双翅不再用来在天空中翱翔，而成了划水的双桨。今天我们要介绍的这种鱼类与企鹅相反，它们在海中自如游泳的同时，还试图到空中飞翔！

作为鱼类，游泳能力是"出厂设置"，但飞翔，似乎就有点"开挂"的意味了。说起在天空中飞翔，我们能想到的是长途跋涉的候鸟大雁，是小巧灵动的昆虫蜻蜓，是进化出翼手的哺乳动物蝙蝠，是生活在远古时期的爬行类翼龙……飞翔能力并不罕见，但作为一种"高级技能"，似乎只会在某些特别高等或演化极为特殊的动物类群中出现。所以当我们说到鱼类在空中飞时，似乎还是让人充满疑惑。但大千世界无奇不有，就真有这么一些可爱的鱼儿升级了它们的"出厂设置"，玩起了飞翔，它们就是飞鱼。

飞鱼属于脊索动物门硬骨鱼纲银汉鱼目飞鱼科，迄今已知的飞鱼种类有 40 多种。飞鱼广泛分布在热带、亚热带和温带的温暖海域中，活跃在海洋表层，在广袤的大洋中并不罕见，在太平洋、大西洋、印度洋及地中海都可以见到它们飞出海面的飒爽身姿。可是作为鱼类，它们是怎么飞起来的呢？奥秘就在于飞鱼的身体构造！

● 飞出海面的飞鱼

飞鱼飞翔的第一个关键条件

和大多数在水体上层生活的具有很强游泳能力的鱼类一样，飞鱼整体呈纺锤型，头部呈流线型，这种体型可将水的阻力降到最低，使其耗费最小的能量就可以获得较大的游泳速度。大部分可以快速游泳的鱼类，如金枪鱼、马鲛鱼、鲐鱼、草鱼、青鱼等，都是这种体型。空气和水都是流体，所以在很多物理特性上都相同，可以用流体力学的分析方法来分析飞鱼飞翔的奥秘。纺锤型的身体和流线型的头部在空气中同样可以减小阻力、降低耗能。飞鱼的体型是飞鱼飞翔的第一个关键条件。

飞鱼飞翔的第二个关键条件

所有的鱼类都长着鳍，我们都看过金鱼在水中游泳的曼妙身姿，都知道鳍在鱼类游泳时的重要性。鳍是鱼类的运动器官，鱼类的鳍分为两种：一种是不成对的鳍，包括背鳍、臀鳍和尾鳍；另一种是成对的鳍，包括胸鳍和腹鳍。这些鳍在鱼类游泳时发挥的作用不尽相同，其中背鳍和臀鳍主要起平衡作用，左右成对的胸鳍和腹鳍主要负责转向和平衡，前进的动力则主要来自尾鳍，相当于轮船后部的螺旋桨推进器，尾鳍也负责转向。

飞鱼胸鳍的构造不同于一般鱼类，它们胸鳍的上面是一个弓起的小曲面，下面则是平面，这种构造非常适合产生升力：空气无论从胸鳍的上面还是下面划过，其从胸鳍的前缘到后缘的直线距离都是相同的，当胸鳍在空气中划过时，因为胸鳍的上面是凸起的曲面，上方的气体滑过的路程较下面远，滑动速度就比下面更快，根据空气动力学原理，流体速度越快，压强越小。因此，飞鱼胸鳍的上面和下面就产生了压力差，即空气对胸鳍下面的压力大于上面，于是空气就对胸鳍产生了抬升力。

飞鱼胸鳍的形状与飞机侧翼和鸟类翅膀的形状类似，其上面微微凸起，呈曲面，鸟类的翅膀上面也是凸起的曲面。翅膀的这一结构就是为了提高升力。宽大的胸鳍加上腹鳍的辅助，再加上特殊的胸鳍构造，大大增加了飞鱼在空气中的浮力，这是飞鱼飞翔的第二个关键条件。

飞鱼飞翔的第三个关键条件

鸟类、昆虫、蝙蝠的飞翔动力来自它们的翅膀不停地上下扇动，从而获得升力（浮力）和前进的推力，但飞鱼飞翔时，其胸鳍和腹鳍并没有像鸟类或者昆虫那样上下扇动，而是直直地固定在身体的两侧，直到落回海中。也就是说，飞鱼在空中并不是真正地飞翔，而是滑翔。滑翔机滑翔需要足够大的初始动力，那么飞鱼滑翔的初始动力从何而来呢？秘密就在飞鱼的尾鳍上。

●圆鳍

●平鳍

● 叉鳍

●新月鳍

鱼类尾鳍的主要功能是通过左右摆动为鱼类前进提供推力，以及与胸鳍等配合实现转向、后退和掉头。尾鳍的形状决定了尾鳍的工作效率，圆鳍、平鳍、叉鳍、新月鳍所提供的推力依次增加，但机动能力，即转向、后退和掉头的能力依次降低。

新月鳍，顾名思义，鳍型如新月（弯月）一般，是金枪鱼、旗鱼等大型远洋性长距离游泳的鱼类所拥有的尾鳍，对于小型鱼类来说，叉鳍已经是游泳速度非常快的鱼的尾鳍了。飞鱼的尾鳍正是叉鳍，其尾鳍分叉很深，而且上下不对称，下半叶比上半叶长，而且更加坚硬，这样的结构更有利于将尾部左右摆动的力高效地转化为前进和向上的动力，而且在身体主干离开海面时仍然可以提供推力。这是飞鱼飞翔的第三个关键条件。

飞鱼的飞翔过程

在水下，飞鱼将胸鳍和腹鳍先收起来，以便降低海水的阻力，飞鱼整体像一颗待发的子弹，体型流畅光滑，此时尾鳍快速摆动，身体获得较大的向前、向上的速度。一旦冲出水面，胸鳍和腹鳍就迅速张开，像飞机机翼一样呈现滑翔姿势，尾鳍继续快速摆动，拍打水面，以获得额外的推力，直到尾鳍完全腾空，离开水面，此时，飞鱼获得了很高的滑翔初始速度。当身体整体都离开水面来到空中时，飞鱼展开的胸鳍和纺锤型的身体相配合，使气流加速流向尾部，并且在腹部形成升力，在惯性作用下，飞鱼能够在空中画出一道漂亮的抛物线状的滑翔轨迹，飞出一段距离后又落回海中。

飞鱼飞翔背后的原因

飞鱼的食物是浮游生物和更小的海生动物，空中并没有它们的食物，而且每次飞出海面都要耗费大量的能量，还要消耗营养以长出硕大的胸鳍。既然这样，飞鱼为什么还要从海里飞出来呢？其实，这应了那句俗话，"百果必有因"，动物的所有行为都是有目的的。

飞鱼华丽飞行的背后有着"无可奈何"的原因。原来，飞鱼飞行是为了逃命，它们的飞行技能，是在逃命过程中被迫进化出来的。飞鱼是海洋表层的小型鱼类，而且常常群居，是很多凶猛的捕食性鱼类眼中的珍馐，如鲨鱼、金枪鱼、鲯鳅等。在漫长的自然选择和生存竞争下，飞鱼就进化出了跃出水面飞行逃生这种躲避敌害的技能。每当在海里遇到敌害攻击时，飞鱼便会腾空而起，奋力跃出海面，逃离危险区域，让天敌在水中无踪可寻。

虽然飞鱼能暂时逃离海中天敌的追捕，但空中也并非绝对安全的避难所。很多海鸟发现了飞鱼的这一习性后，便在空中对飞鱼虎视眈眈，守株待兔。由于飞鱼飞出海面后只能滑翔，不会飞翔，而且其滑翔轨迹相对固定，这为海鸟捕捉飞鱼提供了很好的机会。空中的海鸟一旦发现有飞鱼飞出海面，便利用自身高超的飞翔能力俯冲下来，张开大长喙捕食滑翔的飞鱼。奋力飞出水面的飞鱼又立刻成了海鸟的猎物，真是下有追兵，上有伏兵，腹背受敌。在空中捕食飞鱼的主要是海鸥等海鸟。飞鱼很胆小，受到惊吓时也会飞出海面。当轮船航行时，发动机的轰鸣和震动也会惊动飞鱼，于是很多飞鱼就飞出海面。

很多鸟类发现了这个规律，因此，只要有轮船航行，很多海鸟就跟在轮船周围等待飞鱼，顺便可以在轮船的桅杆上歇一歇。这也是军舰鸟名字的由来。虽然为了躲避海中大型鱼类的追捕，飞鱼飞得越远越安全，但飞得越远，离水的角度也就越大，就越容易被空中的海鸟发现进而被捕获，因此飞出海面的飞鱼通常都是贴着水面滑翔，出水角度较小，这样不容易被空中的海鸟发现，还可以利用汹涌的海浪躲开海鸟的追捕。

飞鱼可以在海中以 10 米每秒的速度跃出水面，滑翔十几米甚至更远的距离。它还可以做连续滑翔，每次落回水中时，有力的尾部又可以将身体再次推起。目前为止，人类观察到的飞鱼在空中的最长停留时间为 45 秒，最远飞行距离为 400 多米。

飞鱼的这些特性都是在应对海中和空中天敌的漫长的演化过程中形成的。飞鱼应对天敌的另一个策略是大量繁殖，个体相当多，一部分被捕食后仍然可以繁衍种族。

我国南海海域处在热带，也是飞鱼的重要产地。如果有机会在南海上乘轮船旅行，一定要到船舷边上欣赏飞鱼，看一下这群精通流体力学的小精灵，同时也欣赏一下海鸟们在捕食飞鱼时所展现的高超的俯冲飞行技能。

《 知识小卡片

滑翔 物体在流体（气体或液体）中仅依靠流体的浮力在流体中漂浮运动的方式。

谜一样的水

道家学派创始人老子说："水为五行之首，万物之始。"东汉著名医学家张仲景说："水，命脉也！"水是生命之源，也是自然界中最神奇的物质。

水的物理特性

水无色、无味，
有液态、固态、气态三种形态。

高于 100 摄氏度的水为**气态**。

常温下水以**液态**存在，是无色透明的。在海拔 0 米处，100 摄氏度为水的沸点，此温度时的水为液态和气态混合状态，即**水气混合状态**。

0 摄氏度为水的冰点，此时的水为固态和液态混合状态，即**冰水混合状态**；低于 0 摄氏度的水为固态，即**冰**。

水是自然界最常见的物质，很多物理量都以水为标准。

质量：1 克是 1 立方厘米水在室温下的质量。

温度：将水的冰点到沸点的温度变化平均分成 100 个梯度，每 1 个梯度为 1 摄氏度。

比热：将 1 克水升高 1 摄氏度所需的热量为 1 卡路里。

水是大部分物质的溶剂，即大部分物质可以溶于水。一旦固体物质溶于水，就可以利用水的流动性去到各处。这也是水是生命之源的原因，因为生物体所需要的物质溶于水之后，就可以被血液或者细胞质带到身体的各处，供给机体需要。地球上还没有任何一种其他物质可以代替水在生物体中所起的作用。这是"水是生命之源"的原因。科学家在宇宙中其他星球上寻找生命时也首先找水，确定了一个星球上有没有水，才能确定该星球上生命存在的可能性。迄今为止，科学家已在火星、木卫二等行星或行星的卫星上发现了冰，即固态的水。

由于水可以溶解大部分物质，且可以流动，一旦水被有害有毒物质污染了，后果就很严重，因为水可以将这些有害有毒物质带到很多地方，引发更大范围、更深层次的恶果。因此，保护水资源在人类社会生活中至关重要。

📶 知识小卡片

三态 物质的三种主要存在形态，即固态、液态、气态，也叫物质的三相。

比热 单位质量的某种物质升高单位温度所需的热量，也称为比热容或者比热容量。

水蒸气带有
大量热量

🦀 汽化与液化

水一直在自然界中循环着。大自然中的气态水，称为水蒸气。陆地和海洋中的水在阳光的照射下自然蒸发，形成的水蒸气的温度和空气一样，一点儿都不烫。但是我们家里烧开的水产生的水蒸气就不一样了，因为在对水加热的过程中，加速了水分蒸发，这些水蒸气带有大量热量。这种液态水变为气态水的过程称为汽化。

炎热的夏天，我们经常吃美味的雪糕来消暑降温，你是否注意到雪糕在不停地冒白气，有时还会有"小汗滴"。其实雪糕本身是不会冒白气的，但在我们的周围，有一些肉眼看不见的水蒸气，这些水蒸气平时飘在空气中，当碰到雪糕时，就会吸附在雪糕的周围和表面，由气态水冷凝成液态水，变成白色的雾和小水滴，看上去好像是雪糕在冒白气；而雪糕主要是冰，也就是固态的水，遇到温度高的空气后吸收热量会溶化、蒸发为雾和水蒸气。于是我们就看到雪糕在冒白气。冬天，我们呼出的气体是白色的，这和雪糕冒白气的原理是一样的。夏天我们呼出的气体中包含的气态水是看不见的。但是到了冬天，这些气态水到了空气中突然遇冷后，就会变成很小的水珠和小冰粒，因此，我们就会发现冬天呼出来的气"变白了"。这种气态水变为液态水的过程称为液化。

固态的水遇到温度高的空气后溶化蒸发。

🦀 凝结、溶化、凝华与升华

固态水，即冰和雪。雪实际上是小冰粒。水可以变为冰，冰也可以变为水。这种液态水变为固态水的过程称为凝固或者凝结，而固态水变为液态水的过程称为溶化，使固态水和液态水相互转换的临界温度称为冰点。

在温度非常低时，水蒸气可以直接转变成冰或雪，如冰箱内壁上的冰、冬天的雪和玻璃窗上的冰花。这种气态水变为固态水的过程称为凝华。大雪过后，我们会发现，雪没有化成水也会消失，这是因为雪直接变成水蒸气"飞走"啦。我们把这种固态水变气态水的过程称为升华。

冬天，当海面降至冰点时，海水开始结冰。物质的三态中，一般来说，固态的密度大于液态，液态的密度大于气态，而水比较特殊，其固态密度略小于液态，因此海冰一且形成，便会浮在海面上。正是因为固态水的这种特殊的物理性质，才使得湖泊和海洋在冬天不至于被冻实，水面结冰后，冰有一定的阻隔作用，还会像被子一样盖在表面，从而保护了水中生物。

海水结冰，主要是纯水的凝固，凝固了的海水在结冰过程中会将大部分盐分排出冰外，将其排到尚未结冰的海水中，这样就使得冰下海水的含盐量大大增加，这对海洋的水文状况有十分重要的影响。当海水大量结冰时，会影响人类的生产和生活。

●冰花

1969 年 2 月和 3 月，渤海发生严重冰封，除了海峡附近，渤海几乎全被冰覆盖，港口封冻，航道阻塞，海上石油钻井平台被冰推倒，海上航船被冰破坏，造成了巨大的经济损失。

》 知识小卡片

蒸发 物质由液态或固态转化为气态的过程。物质在蒸发过程中需要吸收热量。蒸发又被称为汽化。

熔化 物质由固态转变为液态的过程。物质在熔化过程中要吸收热量。

升华 物质由固态不经过液态直接蒸发为气态的过程。物质在升华过程中要吸收热量。

液化 物质由气态转变为液态的过程。气体液化时要放出热量。

凝固 物质由液态转变为固态的过程。物质在凝固过程中要放出热量。

凝华 物质由气态不经液态而直接转化为固态的过程。物质在凝华过程中要放出热量。

🦀 水循环

　　水循环中重要的一步便是降雨。"好雨知时节,当春乃发生。随风潜入夜,润物细无声。"每当春天来临的时候,雨季也会如约而至。二十四节气中的第二个节气——雨水大约在每年的2月19日前后,这时气温回升,冰雪融化,降雨增多。降雨不仅可以调节气候、灌溉农作物,还可以形成海陆间的水循环。大气中绝大部分(86%)的水汽由海洋供给,尤其是赤道附近的海洋,更是大气中水蒸气的重要来源,因此海洋在水循环过程中具有重要的作用。

　　水通过气态、液态和固态的形式,在自然界中来回转变。不断循环往复,便形成了自然界中的水循环。

水蒸气遇冷形成液态的小水滴,小水滴组成云。

当河水流入海洋后,在阳光的照射下,海水蒸发形成水蒸气。

🦀 海洋水量的平衡

海洋中的水蒸发之后，主要靠降水、陆地径流和融冰补充，维持总量平衡。

据计算，蒸发使得海洋水位每年下降124～126厘米。不同海域的海水蒸发量不同，这就造成海水从蒸发量少的地方向蒸发量多的地方定向移动，这也是洋流的成因之一。每年的降水可以使海洋水位上升116厘米左右，但不同地区降水量也不相同。赤道附近的热带海域降水量最大，年平均降水量可达180厘米以上。

河流的汇入，包括地下水入海是海洋水量增加的另一来源。但是水量在不同海域的分布存在极大的差异。汇入大西洋的亚马孙河的流量几乎占全世界径流量的20%，除此之外，刚果河、密西西比河的河水最终也汇入了大西洋。对于太平洋来说，注水量最大的河流是中国的长江，但其径流量只有亚马孙河的五分之一。蒸发的水，与降雨、河流汇入的水等一起使得海洋的水量保持着基本的平衡状态。

云又随风飘散到世界各地，在这个过程中，小水滴不断聚集形成大水滴，当水滴大到云托不住的时候，便又降落形成雨。

雨水降落到地面上后，逐渐汇聚成小溪、小河，进而汇流成大河。

亚马孙河的流量几乎占全世界径流量的**20%**

🦀 酸雨与温室效应

工业革命以来，因为工业发展的需要，我们不得不燃烧大量的煤炭和石油，燃烧后的产物，若没有得到恰当处理而直接排向空气中，便会导致酸雨的形成。酸雨会使土壤酸化，腐蚀建筑物，导致湖泊、海洋中的鱼虾死亡。

二氧化碳是温室气体，排放到大气中的二氧化碳逐年增加，大气的温室效应也随之增强，导致大气温度上升，造成全球气候变暖。全球气候变暖导致极地冰川融化、上层海水变热膨胀等，引起了全球性海平面上升现象。据报道，20 世纪以来全球海平面已上升了 10 ～ 20 厘米。海平面的上升除了会淹没一些低洼的沿海地区，还会使风暴潮等强对流天气的强度加剧。

🦀 水的热量交换

水以气态、液态和固态的形式在自然界中来回转变时，会与周围环境发生热量的交换，从而可以调节周围环境的温度。而水的比热容量在物质中是非常大的，即水温升高或降低同样的温度所吸收或释放的热量要大于其他物质。因此，水在三态变化过程中与周围环境的热量交换就比其他物质大。

海风：白天，冷风从大海吹向海岸

生活在海边的人都知道，海边的四季变化比内陆滞后二十天到一个月的时间，而且年温差、季温差、昼夜温差都较内陆小，就是因为海水的比热容量特别大，可以吸收或者释放更多的热量，通过与大气的热量交换，使得周围大气的温度变化更为温和、缓慢。

陆风：夜晚，冷风从海岸吹向大海

🦀 冰汽化

冰在热水中是不是比在冷水中更容易融化呢？

通常情况下，冰在热水中比在冷水中更容易融化为水，但如果用的是 100 摄氏度的开水，冰在吸收大量热量的情况下会由固态直接变成气态，并在冰的表面形成一层很薄的气层，气层没有液体传递热量快，因此减缓了开水热量向冰块传递的速度，导致短时间内冰的融化速度变慢。如果时间足够长，开水温度降下来，冰表面的气层消失，冰迅速吸收热量，就能快速融化了。因此，在不使用开水的情况下，温度更高的水可以使冰的融化速度更快。

● 冻梨

生活在寒冷地区的人都有经验，就是冻梨不能用太热的水解冻。因为冻梨细胞中含有大量的糖分，导致冻梨结冰的冰点低于纯净水，也就是在 0 摄氏度以下，用太热的水解冻，水和梨的温差太大，冻梨表面的冰虽然化了，但其"内心"还是冰疙瘩。而且冰化得太快，糖分晶体在快速溶化的过程中会损伤梨的细胞，使冻梨变得软塌塌的，甚至烂掉。

水是我们日常生活中最常见的物质，也是自然界中最奇妙的物质。水的很多性质只能在特殊环境中才能表现出来，它仍然像谜一样存在着，它的很多性质和特点都有待我们去发现。

0 摄氏度
冰点

约 20 摄氏度
室温

100 摄氏度
沸点

海浩现象

● 海浩

2021年1月7日，青岛市民在经过胶州湾湾口附近的汇泉湾时，看到胶州湾"开锅了"。只见海面热气腾腾，真的像一锅冒着热气的开水。奇怪，地处北方的胶州湾即使在炎夏，其水温最高也只有20摄氏度，不可能开锅，何况这是在隆冬季节呀。其实，看到这一现象的人非常幸运，因为他们目睹了数十年不遇的"海浩"现象。

海浩的来临

2021年1月初，一股强冷空气由西北向东南席卷东亚，引起我国全境大范围强降温，特别是西北、东北、华北，气温降幅达20摄氏度以上。1月5日是农历的小寒节气，前几天还暖洋洋的青岛从这天开始快速降温，让人感到刺骨的寒意。5日的预报温度为6～8摄氏度，而1月6日、7日，气温继续急剧下降。

1月7日这天，天气预报的气温为零下9～零下15摄氏度，这是青岛地区数十年不遇的极度寒冷天气，而这天早上实测温度显示汇泉广场海边马路上的气温已低至-17摄氏度。这么冷的清晨，大街上除了车辆和执勤的交警，几乎看不到行人，冷冷清清。可是，在胶州湾湾口附近汇泉湾的第一海水浴场海边，却有很多人，冒着刺骨的寒风，一面不停地拍照，一面唏嘘地观看着海上的奇观——胶州湾"开锅"盛景。

🐙 胶州湾"开锅啦"

只见整个胶州湾海面上飘着一层海雾，这层海雾与平时看到的海雾不同，更像是一大锅水烧开时或者温泉的大池子的水蒸气从水面升起，在寒风的吹拂下紧贴海面飘动，上升到数米高的地方就消失了。平时看到的海雾通常不会在离地面数米高的地方消失，而是一直飘到几十、上百米的高度，成为云。

虽然胶州湾看上去像是开了锅，但当时的气温非常低，零下十多摄氏度。海中露出的岩石上的海水都结了厚厚的冰，与下面的海水开锅截然不同。

🐙 海浩的成因

海浩是一种特殊的海雾现象，其形成需要具备三个条件。

第一，海面上的水温和气温温差在 10 摄氏度以上，有利于水蒸气从海面蒸发。

第二，海面上必须有较强的风，强风能把水蒸气快速吹走，在短时间内让更多的水蒸气蒸发到空气中。如果没风，水蒸气只能通过水分子扩散蒸发，气压减小得慢，因而蒸发缓慢，不能在短时间内形成人眼可见的雾。

第三，气温较低，蒸发到空气中的水蒸气遇冷就会迅速凝结成小水滴或者冰晶，也就是水由气态迅速变成液态或者固态，成为人眼可见的雾。

这三个条件缺一不可。2021 年 1 月 7 日凌晨至上午 9 时，胶州湾海面水温和气温的温差达到了 13 摄氏度以上；当时胶州湾刮西北风，风力在 5 ～ 6 级，也就是 35 ～ 40km/h，属于强风；当天气温很低，为零下 17 摄氏度。胶州湾的海水和空气环境条件满足了形成海浩的所有必要条件，于是，海浩奇观就发生了。

正是由于上述三个必要条件，海浩现象在我国近海海域发生的可能性很小。在温带，突然强降温而且有强风的情况下，近岸海面才会发生海浩。因此，海浩现象很少见。2015 年 12 月，大连海域也发生了海浩现象，"海浩"一词也是那时出现的，当时出现了强降温和大风天气，大连獐子岛附近部分海域水—气温差达到了 16 ～ 17 摄氏度，气温大约是零下 3 摄氏度，沸腾的海洋就像烧开水的大锅，冒着腾腾的水雾，如有仙临。

🐙 海雾

　　有学者指出，海面上的海雾在零下 30 摄氏度以下是冰雾，在零下 10 摄氏度以上是水雾，零下 30 至零下 10 摄氏度之间是冰水混合雾。

　　根据这个分类标准，青岛 1 月 7 日的实际气温为 -11 ～ -16 摄氏度，比预报气温还低，符合冰水混合雾的温度条件，而 2015 年 12 月大连獐子岛海浩的海雾应该是水雾。2021 年青岛的这次海浩所形成的雾不同于通常认为的纯液态雾滴，它与常见的平流雾相比要重一些、薄一些，紧贴海面，这种海雾通常只在靠近陆地的近岸区域出现，是一种比较"冷"的蒸发雾，包含了较多霜或冰晶结构。

● 海雾

🐙 结语

　　海浩是在温度变化作用下水的三态转化过程。虽然 2021 年新年伊始的寒潮让青岛人体验了一把"快冻裂"的感觉，但 1 月 7 日早上胶州湾的海浩绝对是送给岛城人民的一场视觉盛宴，也让人们认识了海洋的一个新特征。

《 知识小卡片

海浩　一种特殊的海洋天气现象，指的是海面上蒸汽腾腾，雾气昭昭，像开了锅一样的奇特海雾现象。

为什么很多人爱住海边

"早穿棉袄午穿纱，围着火炉吃西瓜。"这是一句在我国新疆地区广为流传的俗语，这种早上穿棉袄中午穿薄衫的奇特景象，反映了内陆地区昼夜温差之大。

而沿海地区一般不会出现这种情况。"我有一所房子，面朝大海，春暖花开。"这是著名诗人海子的诗句，它描绘了海子心目中的理想生活，也向我们传达了海边气候宜人的信息。

其实，不光是西北沙漠和东南沿海的对比能让我们感受到差异，我们在海边玩耍时也对此深有体会。炎炎夏日，在大海里畅游，我们可以感受到凉爽和惬意。可一上岸，我们的脚底瞬间就会感受到沙子滚烫的热度。相比内陆和沿海气候影响因素的复杂性，海边的沙子和海水明明是在太阳下晒得一样久，为什么水很凉爽，沙子却烫得让人受不了呢？要回答这个问题，就要从比热这个物理概念讲起。

比热

18 世纪，苏格兰的物理学家、化学家约瑟夫·布莱克认识到不同物质的吸热能力是不一样的，并由此提出了"同样质量的不同物质在发生相同的温度变化时，所需要和放出的热量不同"的理论，他把物质吸收和放出热量的能力称为比热。

对于沙子和海水吸收热量的不同，我们除了用脚底感受，还能具体量化吗？当然可以。科学家提出了"比热容"这个概念，比热容是指一定质量的某种物质，在温度升高（或降低）1 摄氏度时所吸收（或放出）的热量，简称比热。

科学家通过大量的实验研究发现，在常见物质中，水的比热容是最大的。

1 千克水的温度升高 1 摄氏度需要吸收的热量是 4200 焦耳（焦耳是热量单位）。相比之下，沙石的"饭量"就小多了，1 千克沙石的温度升高 1 摄氏度需要吸收的热量只有 920 焦耳。如果我们让 1 千克的水和 1 千克的沙石都吸收 4200 焦耳的热量，水的温度只能升高 1 摄氏度，而沙石的温度大约升高 4.6 摄氏度！

我们可以这样想，物质吸收热量的能力可以理解为物质的一种"饭量"。两个人年龄相仿，但是饭量却不同，第一个人吃一碗面就饱了，可第二个人吃一碗面只是半饱，这说明第一个人饭量小，第二个人饭量大，物质也一样。对于不同的物质，一开始温度一样，有的物质，如沙子，吸收一点热量，温度就会升高许多；而有的物质，如水，吸收同样的热量，温度却不会发生明显变化，这说明水的比热容大。

第一个人的饭量＜第二个人的饭量

🐢 水的比热容作用

海洋约占地球表面积的 70.8%，平均深度为 3800 多米，这使得海洋成为一个巨大的蓄热池，白天太阳辐射带来的大部分热量被海洋吸收，使得地球表面不至于过热，夜晚海洋又将部分热量散发出去，使地球表面不至于过冷。可以说，海洋是地球气候的巨大调节器，地球有这样适宜的生存环境，海洋功不可没。

同样质量的不同物质，当吸收或放出同样的热量时，比热容大的物质温度变化小，这也是不同地区昼夜温差不同的原因。沿海地区，因为水的比热容大，白天海水吸收了大量的热量，使周围温度不会升高太多，夜晚海水又放出大量的热量，使周围温度也不会降低太多，因此昼夜温差较小。而内陆地区，由于水少、干燥，沙石、泥土的比热容小，白天吸收太阳的热量后，温度升高很快，使周围温度随之明显升高，夜晚没有了太阳照射，温度又会明显降低，带动周围温度降低，导致昼夜温差较大。人是恒温动物，过大的温差会让人感觉不适。相较而言，海边的气温更加温和、舒适，因此很多人喜欢住在海边。但海边也有缺点，就是湿度大，所以也有些人因此不喜欢住海边。

人们将水的比热容高的特性应用于很多方面，比如灭火时，除了专用灭火装置，最常用的就是水了。水不仅可以把火和周围空气隔绝，而且其吸热能力特别强，能够迅速地吸收火源的热量，从而使燃烧物的温度下降，当可燃物的温度降低到着火点以下时，火就熄灭了。

汽车发动机的冷却液主要成分也是水，水的吸热能力强，有助于冷却发动机。北方冬天取暖用的暖气管道中的供暖物质也是水，这是因为水的放热能力强，有利于升高室内温度……

生活中水的比热容的应用还有很多，大家快来找找吧。

🌊 知识小卡片

比热容 简称比热，指的是一定质量的某种物质，在温度升高（或降低）1摄氏度时所吸收（或放出）的热量。不同物质有不同的比热容，水的比热容很大。

海洋的温度

　　12 月份，我国北方已是冰天雪地，渤海湾的海面上有很多地方已经结冰，在我国一级保护动物斑海豹的保护区里，有时会在海冰上看到可爱的斑海豹宝宝。而这时的海南岛，气温仍然很高，人们可以跳进三亚的海里畅快地游泳，或者在教练的陪同下潜入水中，欣赏小丑鱼、蝴蝶鱼，以及沙中只露出两只眼睛的花蟹等。潜水越深，就感觉水温越凉，看到的动物也不一样。同样是冬季，同样是大海，为什么南北方水温差别这么大？同样在三亚，为什么海面的水温和海底的水温也有差别呢？要想找到问题的答案，我们需要先了解海洋表层水温的水平分布变化。

　　我们知道，地球上热带地区的气温最高，海南省是我国最热的省份，冬天平均温度大约是 20 摄氏度，是冬季避寒旅游胜地；而极地地区终年寒冷，最冷月的平均气温低于零下 20 摄氏度，最暖月的平均气温也不超过 10 摄氏度。海洋的表层水温也是按热带、亚热带、温带、寒带顺序呈现逐渐降低的规律。海洋的表层水温与大气的气温呈现同样的变化规律。

冬至之后，太阳垂直照射在地球上的位置会重新北上，在春分日回到赤道，夏至日到达北回归线，循环往复。

　　在夏至日（每年的 6 月 22 日前后），太阳光垂直照射在北纬 23°26′，我们把这条纬线称为北回归线，这是太阳光直射在地球上最北边的界线。北回归线穿过了我国的云南省、广西壮族自治区、广东省等。

太阳辐射

太阳是太阳系的中心，也是整个太阳系的热源，太阳通过阳光辐射将热量源源不断地输送到地球表面的空气和海洋表面，不断地加热空气和海洋。太阳光线垂直照射到某地时，加热效果最明显，随着太阳光线入射角度逐渐变小，加热效果就会逐渐降低，所以太阳光线对不同纬度海洋的海水和空气的加热效果是不同的。由于公转和自转轴的夹角，在不同季节，地球正面面对太阳的地区不同，在同一地区，随着时间的变化，接收到的太阳辐射也在变化，这就形成了季节变化，也造成了水温和气温在地球表面上的水平分布变化。

在春分日（每年的 3 月 21 日前后），太阳光垂直照射在赤道，随后太阳光的垂直照射地点逐渐向北移动。

夏至后，太阳光垂直照射在地球上的位置会一直向南移动，在秋分日（每年的 9 月 23 日前后），太阳光又垂直照射在赤道上。

在冬至日（每年的 12 月 22 日前后），太阳光垂直照射的地点会到达地球上最南边的位置，为南纬 23° 26′，我们把这条纬线称为南回归线。

海洋水温的水平变化

低纬度海区太阳光入射角度大，海水接受的太阳光辐射大，温度高。随着纬度的升高，太阳光入射角度逐渐减小，高纬度海区海水受到的太阳光辐射随之减小，海水温度也逐渐降低。如果在世界地图上把海水表层全年平均温度相同的点连成线（称之为"等温线"），可以看到这些线大致与纬线平行，在地图上呈条带状，温度也随着纬度的升高而降低。而且，等温线随着季节的变化北移或者南移。这就是海洋表层水温的水平分布变化规律。

等温线的弯曲说明海水温度变化除受到太阳光线的影响之外，还受其他因素的影响，如洋流和风。由于海气相互作用，空气与海水会进行热量交换，南北向的风会带走或补充海面的热量，从而影响海洋表层的海水温度。同理，洋流的流动也会将一个海区海水的热量沿洋流方向输送，由于陆地的阻隔等因素的影响，很多洋流是南北向的或者是上升流与下沉流，这些洋流将大海翻滚、搅动，影响了海洋表层海水等温线的走向。例如，在赤道北侧形成的北赤道暖流到达亚洲大陆后会向北流动，在太平洋西岸形成一股强劲的暖流，称为黑潮。黑潮会将热带海区的高温海水带到中纬度的温带地区，于是海水等温线在太平洋西岸就向高纬度地区弯曲。不同洋流交汇时也会发生能量传递，整个世界的大洋通过海流联系在一起。

那么，全球有没有水温最高和水温最低的海洋呢？

根据检测，位于非洲东北部与阿拉伯半岛之间的红海是世界上水温最高的海，其表层海水的年平均水温为 17 摄氏度，8 月份表层水温可以达到 27～32 摄氏度。而北冰洋是全球四大洋中水温最低的大洋，其表层的年平均水温大约为零下 1.7 摄氏度，冬季时整个北冰洋表层便结上厚厚的冰，到夏季时冰层才会部分融化。

🐢 海气的相互作用

在同一地区，如果气温高于海洋表层水温，由于温差的作用，空气中的热量会向海水中传输；反之，如果海洋表层水温高于气温，海水会向空气中释放热量，这就像我们点火加热食物，热量会从火苗传递到食物中一样；我们在冬天握住暖水袋会感觉到暖意，也是因为热量从暖水袋传递到了手上。两个相互靠近或者接触的物体之间存在温度差时，热量就会从温度高的物体传递到温度低的物体，从而加热温度低的物体。最终，两个物体会达到相同的温度，这种现象在物理学上称为"热平衡"。

住在海边的人都有这样的体验：在天气相对平静的日子里（没有台风、强降雨、剧烈寒流），白天站在海边，会感到微微的海风从大海吹向陆地；而到了晚上，会感到习习的陆风从陆地吹向海上。这就是海气相互作用和陆气相互作用在小尺度（短距离、小区域）上的具体体现。之所以出现白天海风向陆地吹而晚上陆风向海上吹的现象，就是因为海水的比热大于陆地上的土壤、植被和建筑物的比热。当上午太阳升起之后，阳光辐射并加热大地和海洋，同一地区同样面积的海洋和陆地接收的阳光辐射热量是相同的，于是比热的大小就决定了海水升温慢而陆地升温快。升温快的陆地比海面更快地加热了地面上的空气，陆地上的空气比海面上的空气更快地膨胀和升温，地面上的空气变得更稀薄，使得气压降低，海面上的气压相对较高，而空气总是从气压高的地方流向气压低的地方，于是微微的海风吹向了陆地。相反，太阳落下之后，海面和陆地不再接收阳光的辐射，于是海洋和陆地将白天吸收的热量释放到空气中。由于海水的比热容更大，更多的热量释放到海面的空气中，使得海面空气受热膨胀，气压降低，而陆地上的空气气压高于海面，于是习习的陆风吹向海洋。

同样，在大尺度（远距离，广大地区）上的海气相互作用和陆气相互作用会造成更强的海洋与大气和陆地与大气的相互影响，从而造成天气的变化，而剧烈的变化会形成台风、寒潮、强降雨等强对流天气。

高水位 低水位

潮间带

大

海洋水温的垂直变化

接下来谈一谈海洋水温的垂直变化。

搭乘我国第一艘载人深潜器"蛟龙"号深潜，就能亲身感受到海洋水温的垂直变化。随着载人深潜器下潜深度的增加，载人舱中的人会感受到舱内气温在降低。比起浅海，深海水温要低得多，尤其在热带至温带地区更为明显。因此保暖衣物是乘载人深潜器下潜时必须带的。那么深层海水的温度和表层海水的温度究竟相差多少呢？不同深度的水温温差是如何造成的呢？这仍然要从太阳辐射说起。

上文中我们了解了影响海水表层温度水平分布规律的主要因素，包括太阳辐射、洋流、风等。海水温度的垂直变化（随深度的变化）也与太阳辐射有关。由于海水及海水中的物质的折射、反射、吸收等，太阳光线射入海水后会迅速衰减，只能到达海水上层。即使在天气晴朗时，太阳光直射入清澈的海水，最多也只能到达约 200 米水深处，由于海洋中不同水团之间界面的反射、散射，200 米水深以下还能检测到非常微弱的太阳光线，但这些反射光、散射光过于微弱，人眼看不到，1000 米水深以下便再也检测不到任何太阳光线了。而在近岸，由于海水中悬浮物较多，海水透明度低，直射光和反射光到达的深度更浅。深海是完全黑暗的，深海的海水由于失去了太阳光辐射加热，水温就会很低。

不同深度的海水由于水体密度等条件的限制，混合较少，传递较慢，造成不同水层的水温随深度增加而逐步变低，形成温度的梯度。这就使得水深越深，水温越低。

表层的海水受太阳光辐射，温度较高，就会与下层的海水产生温度差。温差和热平衡效应促使表层的海水再将热量传递给下层的海水。在赤道及其附近的低纬度海区，一整年里太阳辐射强度都很大且时间较长，表层的海水水温最高。

300~1000 米深水层中的海水温度迅速下降，在表层的高温海水以下有一个温度"速降"水层，称为温跃层。深层的海水与表层的海水之间的温度差足足有 20 摄氏度！

到了 1000 米深度以下的无光区，水温不再下降，稳定在 0~4 摄氏度。在两极及附近的高纬度地区，由于太阳光的入射角度小，表层的海水温度低，几乎与深层的海水温度相同，海水温度的垂直变化幅度非常小，保持在 4 摄氏度以下。

值得庆幸的是，即使在深海，由于地球内部的热量和垂直洋流对海水的混合，海水水温也不会低于 0 摄氏度，不至于结冰，使得海洋生物仍然可以畅游海中，从海水中获得营养物质，从而不断繁衍生息。

海藻

浮游植物
浮游动物
水母
海龟

脑珊瑚

远洋领域

蓝鲨

透光区

200 米

朦胧

抹香鲸

海绵

斧鱼

海笔

章鱼

1000 至 4000 米

非透光区

海蜘蛛

鼠尾鱼

大口鳗

琵琶鱼

底栖领域（海底）

海蛇尾

海参

玻璃海绵

三脚架鱼

6000 至 10000 米

　　近年来，全球气候变暖已成为全人类面对的严峻问题。气候变暖使得陆地冰川和两极的冰盖大面积融化，造成海平面上升，一些岛屿会被逐渐淹没，直至消失，海岸向陆地深处退缩，很多海洋生物的生活也会受到影响。例如，因为北极的冰面减小，很多北极熊失去家园；一些海洋生物形成的海洋生态灾害，例如，频繁发生的浒苔暴发、大型水母暴发造成的灾害。

　　科学家们已经意识到，两极巨大冰川的融化会导致气候进一步变暖，而气候变暖又会造成海冰更快地融化。冰层和海水吸收的太阳光能量是不同的，正如在夏天穿深色的衣服比穿浅色衣服更容易感觉到热，因为深色会吸收更多的太阳光热量。同理，冰层能够将更多的太阳光反射回太空中，而冰层融化，导致颜色更深的海水更大面积暴露，使得更多的太阳光能量被吸收，进一步引起局部地区的变暖。这也是北极升温速度是全球其他地区两倍的原因之一。冰雪的融化会导致更多的热量被吸收，气温升高，蒸发量增加，大气中水蒸气增加，进一步加强温室效应，气温升高又会进一步加剧冰雪的融化，从而形成恶性循环。科学家已经做出预言：21 世纪内北极夏季的海冰可能会完全融化。

　　因此，在当前，防止全球气候进一步变暖比历史上任何时期都要紧迫。

冰山一角

　　1912 年 4 月 10 日，一艘由英国建造的当时世界上体积最大、内部设施最豪华的客运轮船——泰坦尼克号，志得意满地开始了它的首次航行，它将横跨北大西洋，由英国的南安普敦驶往美国纽约。

　　4 月，正是北半球的春季，北极冰川开始融化，形成了很多冰山，漂浮在北大西洋上。4 月 14 日，海面上风平浪静，行驶在北大西洋中的泰坦尼克号正以 22 节每小时（约为 40 千米每小时）的速度快速航行。

　　午夜，因为没有月光，海面上漆黑一片，借助轮船上的灯光，瞭望员弗雷德里克·弗利特发现远处有"两张桌子大小"的黑影在以很快的速度变大，他立刻抓起电话报警："正前方有冰山！"可是，已经来不及了。

　　虽然为轮船做了紧急转向、减速等操作，但由于船体太大、船速太快，巨大的惯性使轮船右舷猛烈地撞向冰山，并被撞开了一条大口子，冰冷的海水迅速灌入船舱。排水量近 5 万吨的超级邮轮在短短的两个小时内就沉没了，造成了 1500 多人死亡的巨大而惨烈的海难事故。

　　瞭望员看到的"两张桌子大小"的冰山其实只是冰山露出水面的一角，冰山隐藏在水下的部分要比这一角大得多，冰山露出水面的部分就是人们常说的"冰山一角"。

真是太可怕了。可是瞭望员看到的冰山不是只有"两张桌子大小"吗？怎么会对泰坦尼克号造成这么大的破坏呢？

为什么冰山只露出水面小小的一角呢？要了解这一点，就要从水的密度说起。

水密度的物理特性

自然界中的物质通常有三种存在状态，即固态、液态和气态。物质的分子在三态中的排列方式有很大区别，通常情况下，处于固态时分子排列最紧密，处于液态时次之，处于气态时排列最松散。

某种物质的密度是指这种物质单位体积的质量。物质在不同状态时的密度与其分子的排列紧密程度密切相关，因此，通常情况下，物质的固态密度最高，液态次之，气态最低。例如，日常用来做饭的液化气，主要成分是丙烷和丁烷，常温下是气体，将这些气体在高压下强行压缩在液化气罐中，密度提高了，使它们变成了液体，但在使用时，通过特殊装置减压，慢慢释放出来，又变成了气体，气体燃烧释放热量。

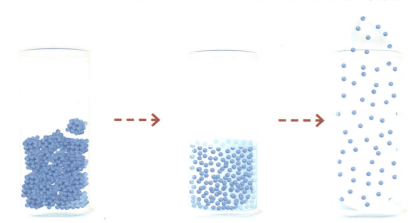

水的固态（冰）

随着温度进一步下降，水的密度开始降低，在 0 摄氏度时变成冰，密度也降为 0.917 克每立方厘米。

水的液态（水）

在正常的大气压下，将室温（如 20 摄氏度）下的水冷却时，水的密度会随着温度的降低而稍微增大，到 3.98 摄氏度时，密度达到最高值 1 克每立方厘米。

水的气态（水蒸气）

水的三态的密度并不是严格按照上面讲的固态、液态和气态的顺序依次降低的，而是随着温度有一个特别的变化。

虽然冰是水的固态，但其密度小于液态水，即同样体积的冰要比同样体积的水稍微轻一些。因此，将冰放在水中，冰会漂在水面上。

海水的浮力

　　海洋上的冰山漂在海面上还有一个原因，就是海水中有盐分，因此海水的密度在常温常压下要略高于纯水的密度，在开阔的大洋上海水的平均密度为1.026克每立方厘米（等于1.026吨每立方米），而冰山是固态水，几乎不含盐分，其密度大约是0.917克每立方厘米（等于0.917吨每立方米），稍微低于海水，到了海里，就只能漂浮在海面上了。

　　固态水的密度小于液态水的密度，因此海上的冰山会漂浮在海面上。等到春暖花开，气温上升，太阳辐射增强时，浮在水面上的冰获得热量而融化。但是，如果水的密度变化也跟普通物质一样，固态时密度高于液态，那么冰就会沉到海底，即使春暖花开，太阳辐射增强，空气中的热量不能或者很不容易到达海底，沉到海底的冰就很难融化，于是海底的冰就会越来越多，最后海洋和湖泊就会被冰完全冻住，海洋和湖泊里的生物就不能生存了，也就没有现在地球上各种水体中丰富多样的水生生物世界了。正是由于水的这一与其他物质不同的奇妙的物理性质，即冰的密度小于水，才拯救了地球上的水资源，才使得海洋成为生命的摇篮，让江河湖海中一派生机盎然。这让我们不禁感叹，大自然的造化真是奥妙无穷啊！

原来是冰的密度小于水，才使得冰能浮在水面上。那么能不能通过冰山露在水面上的部分推算出冰山有多大呢？

知识小卡片

浮力 物体在流体（液体和气体）中受到的与其所受到的重力方向相反的力，即流体对该物体在垂直向上的托力。

密度 物质单位体积内的质量，是物质的重要性质之一，每种物质都有一定的密度，不同的物质通常有不同的密度。

● 钓鱼

原来是这样呀，怪不得一座看起来"小小"的冰山能撞沉泰坦尼克号。所以有时候看事情，不能只看表面。

人们用"冰山一角"形容冰山露出水面的部分。那这一角究竟有多大呢？我们可以根据阿基米德定律来算一算。

假设一个冰山的总体积是 A 立方米，冰山漂浮在海面上，露出了冰山一角，为 B 立方米，那么冰山排开的海水的体积就是 $(A-B)$ 立方米，将被排开的海水的体积换算成重量，就是冰山所受到的浮力，即：

$(A-B) \times 1.026$

而冰山的总重量为：

$A \times 0.917$

由于冰山是漂浮在海面上的，处于静止状态，既不上浮也不下沉，冰山的总重量与所受到的浮力相等，处于平衡状态，根据阿基米德原理，冰山排开海水的重量与冰山的总重量相等，即：

$(A-B) \times 1.026 = A \times 0.917$

经过计算得知，冰山一角的体积 B 与冰山总体积 A 的比值大约是 1.06 : 10，也就是说，冰山一角的体积约占冰山总体积的十分之一。由此可知，冰山的绝大部分是浸在海水中的，从海面上看也就只能看到整个冰山的十分之一，占整个冰山很小的一部分。

泰坦尼克号撞上的冰山，大部分在海面以下，不容易被人们发现，因此酿成了巨大的海难事故。

为什么说死海不死

死海位于以色列和约旦之间的大裂谷——约旦裂谷之间，是世界上海拔最低的内陆湖泊，含盐度为一般海水的 8.6 倍，致使水中没有生物能够存活，甚至沿岸的陆地上也少有除水草外的生物，这也是人们将其命名为死海的原因之一。

传说大约 2000 年前，罗马统帅狄杜进兵耶路撒冷，攻到死海岸边后下令处决俘虏来的奴隶。奴隶们被投入死海后，并没有沉到水下，反被波浪送回了岸边。狄杜勃然大怒，再次下令将俘虏的奴隶扔进海里，但是奴隶们依旧安然无恙。狄杜大惊失色，以为奴隶们受神灵保佑，只好下令将他们全部释放。这就是所谓的"死海不死"的故事。

死海的物理性质

其实，这些被俘虏的奴隶之所以没被淹死，与死海海水的特殊物理性质有关。死海是世界上最低的湖泊，像一个巨大的集水盆地，西岸是高大的犹太山地，东岸是约旦高原。约旦河从北流入死海，将陆地上的盐分带入死海，而死海所处的陆地气温很高，水分蒸发也很快，加上这里干燥少雨，年均降雨量只有 50 毫米，而蒸发量却能达到 1400 毫米，所以约旦河补充的水量也是微乎其微，因此，死海海水的含盐量变得越来越高，含盐量越高，海水的密度就越大。

密度是物质的一个物理性质，其定义是单位体积内物质的质量。我们知道，盐的密度高于水的密度，也就是说，同样体积的盐的质量要大于纯水的质量。因此，当水中溶解了大量的盐时，其密度就明显高于纯水的密度了。

●同样体积的盐水的质量大于纯水的质量

🐴 浮力与密度

物体进入水中后会有三种状态：漂浮、悬浮、沉底。物体之所以能在水中漂浮，是因为受到了水的浮力的支撑，浮力的大小与物体浸入水中的体积及水的密度成正比。物体由于地球的吸引而受到的力叫作重力。根据阿基米德定律，液体对在液体内的物体的浮力，即液体对该物体与重力方向相反的作用力，等于该物体排开的液体的重量。由此可以推论，当物体的密度小于水的密度时，物体会漂浮在水面上；当物体的密度等于水的密度时，物体会悬浮在水中；当物体的密度大于水的密度时，物体会沉入水底。

● **物体在水中的三种状态**

● **浮力与密度**

浮力跟物体的密度有关，密度与物体的质量成正比，与物体的体积成反比。例如，将铁块放入水中，铁块会沉入水底，即使一块非常小、非常轻的铁块，放在水里也会沉底，因为铁块的密度远大于水的密度。但如果将铁块做成一个皮很薄的空心大铁球，那这个空心大铁球是会漂在水面上的，这并不是因为铁的密度变小了，而是因为虽然重量相同，但铁球的体积远大于铁块的体积，同样质量的情况下，体积越大密度越小，因此，铁球的整体密度变小，远小于铁块，也小于水的密度，于是就漂起来了。船舶就是根据这个原理设计出来的。

据测量，常温下纯水的密度为 0.998 克每立方厘米，人体的密度约为 1.000 克每立方厘米，海水的平均密度为 1.026 克每立方厘米，而死海里水的密度约为 1.270 克每立方厘米。

人体的密度与纯水的密度接近，但在死海里就不一样了，由于死海的含盐量很高，其密度远大于纯水，也就远大于人体的密度。仅部分浸在死海中的身体所排开的水的重量就等于人体的体重了，所以人就漂在水面了。这就是"死海不死"故事中讲的被俘虏的奴隶不会被淹死的真正原因。

会游泳的同学应该都有体会，猛吸一口气然后憋住，身体就会在水中浮起来，这是因为吸入空气后肺扩张使身体体积变大，排开了更多的水，身体受到的浮力变大，便可以浮起来了。因为海水密度比淡水略大，所以人在海水中漂浮比在淡水中更容易。

虽然人体的密度与纯水的密度相近，还稍低于普通海水，在水中的浮力可以将人体浮起来，但这必须是将人体完全浸在水里才会产生与人体体重相近的浮力。而将人体完全浸在水中，人会呛水，所以，不会游泳的人千万不可随便下水。

虽说人在死海里很容易漂浮，但是在死海里游泳也是很危险的。死海的水比海水含盐量高得多，一旦死海的水溅入眼睛，因为液体在眼细胞的细胞膜内外形成很高的渗透压，细胞内的水会被吸出来，而细胞外的水中的盐分会进入细胞，从而损坏眼睛，进入鼻腔的海水还会损伤游泳者的鼻黏膜。所以，即使到了死海，也不可随便下水游泳。

操纵浮力的能手——鹦鹉螺

很多海洋动物，会利用海水的浮力使身体在海水中上浮或者下沉，从而扩大猎食范围或者逃避不良环境，例如，鹦鹉螺就是操纵浮力的能手。

鹦鹉螺的结构十分复杂，外壳由许多腔室组成，除最外面一个腔室用于其肉体居住外，其他腔室均是空的，可以充满气体，也可以充满海水，腔室之间有隔膜分隔，细细的室管穿过隔膜将各室连接起来，气体和水流通过室管流进流出，鹦鹉螺通过吸水和排水，对不同数量的腔室注入空气或海水来控制其自身密度的大小，从而控制浮力，神奇地实现下沉和上浮。

● 鹦鹉螺

118

●潜水艇

潜水艇就是模仿鹦鹉螺上浮和下沉的方式制造出来的。发明潜水艇的人根据鹦鹉螺的构造，在潜水艇内设置一个专门的浮力调整水舱，用于注入或排出适量的水。当浮力调整水舱注满水时，重量增加而体积不变，潜水艇从水面潜入水下。当潜用压缩空气把水舱内的水排出时，潜水艇重量减小且体积不变，于是潜水艇从水下浮出水面。

　　我国的载人深潜器"奋斗者"号已在马里亚纳海沟 10909 米深处成功坐底！现在，人们想要在海底遨游已经不是什么难事，未来我们说不定还可以遨游海底两万里，探索海洋中更多的奥秘！

🔊 知识小卡片

重力 物体受到的地球的吸引力。因为施力物体是地球，因此物体的重力方向总是竖直向下，指向地球的重心。

渗透压 由具有透性的膜或物质隔开的两种溶液，浓度高的一侧的溶液中的溶质总是趋向于流向浓度低的一侧的溶液中，而浓度低的一侧的溶液中的溶剂总是趋向于流向浓度高的一侧的溶液中。这种趋向对于两种溶液之间的膜或隔开物形成的压力就是渗透压。

阿基米德定律 也叫浮力定律，浸在流体中的物体受到的浮力大小等于该物体所排开的流体所受的重力。该定律由古希腊学者阿基米德于公元前 200年发现。

海水为什么这么咸

海水到底是什么味道的呢？在海里游过泳的朋友们都知道：海水又咸又涩！海水为什么是咸的呢？这是因为海水中溶解有很多氯化钠，也就是我们通常所说的"盐"。可是陆地上的江河湖海大都是淡水，为什么到了海里却成咸水了呢？海里的"盐"都是从哪儿来的呢？

🦀 盐度

让我们先来认识一个名词——盐度，盐度是指海水中溶解的盐类总量占溶液总量的比值。地球上海洋的平均盐度是 35‰，也就是说，平均 1000 克的海水中就有 35 克的盐，这里所说的盐可不仅仅指我们做菜用的食盐（主要成分是氯化钠）。海水成分非常复杂，地球上已发现的 94 种元素中有 80 多种都能在海水中找到，所以海水又咸又涩。

🦀 海水变咸的原因

自然界水循环的过程就是蒸发—降水—径流的过程。在蒸发环节，水蒸气中的水是淡水，水蒸气脱离海水时并没有带走盐分，而水通过降水过程到达地面，以及在江河湖泊里流动的过程中，将陆地土壤中可以溶解的盐溶解、吸收，再随着江河流到海洋中，因此江水和河水也都是盐水，只是它们的盐度非常低。

在水循环的过程中，陆地的盐分不断地被带到海洋，海洋中的水也不断地将海底洋壳中的盐分溶解到海水中，这样年复一年，经过亿万年的聚集，海水中的盐度就平均达到了35‰。降水环节是淡水的转移过程，由于地球表面的 71% 都是海洋，大部分的降水其实直接回到了海洋，为海洋补充了淡水。

在径流的环节，落在陆地上的降水流经地表，渗透土壤、岩层等，将地表、土壤、岩层中的一部分盐和矿物质带入海洋，因为河水的盐度远低于海水，再加上海上的降水以及冰川、冰山的融化，都在一定程度上降低了海水的盐度。

也就是说，地球上最初的海水应该是淡水，但是海底岩层中的盐会在海水中溶解，海底火山的喷发也会将地壳中的一些盐带到大海中，加上来自陆地河流中的盐，慢慢地海水就变咸了。

🦀 海水不会越来越咸

既然海水蒸发没有带走盐，那海水岂不是会越来越咸吗？事实上，根据科学家们的实测及对古海洋生物体和海洋沉积物的研究发现，虽然在不同海域、不同深度海水的盐度不同，但是海洋的平均盐度在很长的时间内是比较稳定的。海洋是怎么做到盐的"收支平衡"的呢？难道它能像人一样把多余的盐分"消化"掉吗？

(1) 世界上盐度最高的海是死海吗？

死海是内陆湖泊，不是海，而且在内陆湖泊中死海的盐度只能排到第三。盐度排在第一的是南极洲的唐胡安池，其平均盐度超过 400‰。

(2) 海水中的盐度均匀吗？

不均匀。在海洋表层，盐度从亚热带海区向高、低纬度递减，赤道区域降水丰沛，两极附近有冰川冰山融水，河口附近有陆地盐度相对很低的河水注入，这些区域海水的盐度都要低一些。从水深情况来看，海洋表层的盐度最大，其次是深层，中层的盐度最小。

(3) 在海上如果淡水用光了能用海水解渴吗？

不能。海水的盐度远高于人体细胞液的盐度，喝进肠道里的海水，会因盐的浓度差而抢夺人体原有的水分，也就是说，人体细胞内的水分会渗出细胞，以达到内外的盐度平衡。本来喝水是为了给人体补水，喝盐水却变成了让身体脱水，越喝越渴。另外，海水中的盐不只含有氯化钠，还有大量其他的盐类、矿物质、微生物、细菌、有机物等，这些成分大多对人体有害。

是的，海水中一部分盐分被海洋生物"消化"掉了，海洋生物通过自身的生命活动吸收、分解着海水中的部分盐分，不断调节着海水的成分；海水中另一部分盐通过海水的运动被消耗掉了，纵然没有"消化"，却把它们"吐"掉或"排泄"掉了。研究表明，当海浪翻滚时，激起的气泡会将小部分盐粒释放到大气中，随着气流离开海洋。据测算，每年全球海洋通过这样的方式被带走的盐达到几十亿吨。同时，海洋中可溶性盐类不断增加，它们之间会发生化学反应而生成不可溶的固体化合物，这些化合物沉入海底，有的成为海底的一部分，有的在热液喷口附近，沿着大洋中脊渗透，加入海陆之间的循环中去了。这些"吐"盐和"排"盐的过程不容易被观察到，但有一些现象我们还是能看到的，例如，我们会看到一些退化的海岸或海盆附近，海水已蒸发殆尽，露出了大片白色的岩滩或者红色、白色、黄色等晶石，这些都是海洋"排出"的各种各样的盐，根据不同的种类，它们可以被用来提炼食用盐，制作化肥、建筑材料和工业制品等，是很有价值的材料资源。

由于海洋生物和海洋运动等的调节作用，世界海洋水的成分自古生代以来就处于平衡状态。所以海水并没有越来越咸，海洋在用自己的方法，让盐度一直保持平衡，说起来，海洋生物也在为自己生存的环境贡献着力量。

煮海为盐

"盐田万顷莺歌海，四季常春极乐园。驱遣阳光充炭火，烧干海水变银山。"郭沫若先生参观海南岛莺歌海盐场时写下此诗，"海水变银山"生动地描绘了盐农在盐场晒盐时"煮海为盐"的壮观场景。

制盐历史

制盐在我国已经有几千年的历史了，山东盐场在春秋战国时期就开始生产海盐。起初人们采用盘煎和锅煮的方法从海水中提取盐，但是这种方法不但操作复杂，而且获得的盐量低、质量差。随着人们对制盐认知的不断加深，从明代开始使用海滩晒盐的制盐方法。《天

● 天工开物

● 蒸发池、结晶池

工开物》中记载："海丰有引海水直接入池晒成者，凝结之时，扫食不加人力。与解盐同。但成盐时日，与不借南风则大异。"这种制盐方法与现代制盐方法已经极为相近。

🐚 现代盐田

●盐堆

现代盐田包括蒸发池和结晶池，盐农在涨潮时让海水流入蒸发池，然后堵住出口。经过长时间的风吹日晒，海水不断蒸发，盐的浓度不断升高。将含高浓度盐的海水引入结晶池，继续让水分蒸发并搅拌海水，池底就会出现一层白白的盐。

海水的盐度

盐农何时才会将海水引入结晶池呢？在结晶池中最终能得到多少盐呢？要想得到答案，我们必须知道一个物理量——盐度。

盐度用来近似地表示海水的含盐量。海水中的盐大约占3.5%，也就是说，平均1千克海水中就有35克盐。将海水引入结晶池时，海水基本要达到水所能溶解盐的最大值，即饱和状态。常温状态下1千克食盐水最多含有265克食盐，含盐量为26.5%。虽然食盐与海水中的盐成分不同，但可以用于粗略计算。

假设蒸发池的储水量为1万立方米（约等于1万吨），在被太阳暴晒的过程中，蒸发的主要成分是水。那么通过计算得知，蒸发约8680吨水（约为流入蒸发池的海水总量的7/8)后，余下的海水中的盐度达到饱和状态（余下的海水所能溶解的盐分达到了最大值）。也就是说，当蒸发池中的海水还剩大约1/8的时候，就可以将海水引入结晶池了。根据计算，1万吨海水在理论上可以制得350吨盐，但是在生产过程中难免会有损耗，实际的产量会比350吨少得多。

此时获得的盐是粗盐，不能直接食用。因为海水的成分十分复杂，除含有氯化钠（日常食用的食盐的主要成分）外，还有很多其他物质，如溴盐和镁盐等。所以，还需要对粗盐进一步加工才能得到所用的食盐。而加工过程中去除的"杂质"会被进一步加工、分离，成为盐业的副产品。随着科技的不断进步，可以从副产品中提取出很多元素，制作成其他产品，不仅使盐农获得更多的收益，还能够更好地利用海洋资源。

盐的种类

无论工业用盐还是生活食用盐，并不是只有海盐这一种，还有湖盐、岩盐、井盐等。

湖盐，顾名思义，是从湖里提取的盐。陆地上的湖泊按含盐量可以分成两类，一类是盐湖，湖水含盐量很高，例如，青海省的青海湖是我国最大的盐湖；另一类是淡水湖，湖水不含盐或含盐量小于1‰，例如，江西省北部的鄱阳湖是我国最大的淡水湖。

湖水制盐与海水制盐的工艺基本相同。对于有的盐湖，由于淡水补充量远小于湖水蒸发量，所以湖水越来越少，湖面越来越低，湖边的湖床就露出来了，湖水盐分过高，大量析出的盐分就沉积在露出的湖床上。还有一些盐湖完全干涸了，只留下盐分在湖床上，这种情况下就不用晒盐了，直接从湖床上开采即可，再经过加工去除杂质，获得盐。

岩盐，就是矿盐，从盐矿直接开采出来的盐。有的盐矿是盐湖干涸之后形成的，通常在远离海洋的内陆或空气非常干燥的地方，如我国的新疆、青海等地；有的盐矿则是由于

●岩盐

地壳变动、地质演化在岩层中形成的含盐量很高的矿层，通常是在数百米深的地下。由于岩盐一般是在远离繁华都市的地区或者深埋地下，污染少、纯度好、杂质少，所以是相对清洁、绿色的盐。

井盐是通过打井的方法开采地下卤水获得的盐，生产井盐的竖井叫作盐井。地下卤水就是含盐量很高的地下水。当盐矿埋藏很深时也可以通过向盐矿中注水，使盐矿化为卤水，再将卤水抽到地面上进行加工。利用卤水制盐的工艺与海盐的制作工艺类似。四川省是地下卤水资源较丰富的省份，四川的井盐开采在北宋时期就全国闻名，且盐的品质享誉世界。

盐的用途

　　生活中盐的用途十分广泛，牙膏中的盐可以去除牙垢，防止蛀牙；生理盐水可以用于杀菌；洗洁精中也有盐，用来清除油渍。

　　盐在工业中还有一个更响亮的名号——化学工业之母，它是非常重要的化学工业原料，用于冶炼金属及制作合成材料，连我们身上穿的衣服，平时看的书都需要在工艺中添加盐来制作。

　　盐不但是化学工业之母，组成盐的化合物氯化钠也是人体必需的化合物。氯化钠参与了人体的很多生理活动。如果人体缺盐，短时间内会食欲不振、精神萎靡，时间长了，就会引起人体细胞外液渗透压失衡、电解质紊乱、酸碱平衡失调等，进而导致器官受损。但如果盐的摄入量过多，也会引起各种疾病，如高血压、心血管疾病、糖尿病等。根据世界卫生组织的建议，每人每天以食用 6 克盐为宜，既满足了生理需要，又不至于食用过量。

探秘海底湖泊

    在丛山之间，有一池微波荡漾的碧水，水中有游鱼，岸边有绿树，这是我们对于湖泊最基本的印象。可让人没想到的是，海水之下竟然也可能存在湖泊，即海底湖泊，也就是海洋底部盐度与周围海水差别很大的水形成的类似湖泊的水体。

    我们通常认为，水是相融互通的，不管是糖水还是盐水，放在一起总会不断融合，最后变成均匀的液体，在一片水体中怎么会有不相融的两部分水呢？这在以前是无法想象的，直到有研究人员在海底目睹了这一奇观，并将这堪称魔幻的发现公布后，人们才相信海底也有湖泊这一神奇的海洋现象。

盐卤池

　　近年来，在墨西哥湾、红海、地中海、黑海和南极大陆架等海域均发现有海底湖泊，这些湖泊大多分布在 1000 ～ 3000 米深的海底。

　　墨西哥湾海底的大型盐卤池在 1005 米深处，这个近乎圆形的盐卤池，周长约 30 米，深 3.6 米。

● 从海中向下俯拍的海底

● 盐卤池形成过程的示意图

　　盐卤池就是含盐量非常高的池，池中水叫作盐卤水，盐度是普通海水的 3 ～ 10 倍，是一种灰白色的浑浊液体。盐卤水的密度比周围正常海水高很多，自然就会与上层海水形成鲜明的分界线而沉降在海底。池中的物质会形成结晶，慢慢在周围形成一堵围墙，将池中水围起来，从而形成了盐卤池。

●毒气、石油和氧化催化剂

盐卤水的来源

这些盐卤水是从哪里来的呢？就墨西哥湾来说，其海底的岩层下有亿万年前积累的几千米厚的盐层，盐层并不稳定，在海水和上方岩层沉积的巨大压力下流动，遇到岩石层的裂隙，高浓度的盐卤水就会渗出来。海底沉积物或盐层中还会释放出甲烷等气体，从池底喷射而出，也会顺势带出更多的盐卤水，就像一个个小型的炸弹爆炸一样，在盐卤池上方形成蘑菇云。

盐卤池中高盐、无氧，有大量的甲烷，甚至还含有硫化氢等剧毒物质，简直就是"死亡之池"。在盐卤池周围散落着很多误入其中的生物尸体，很多生物一旦靠近致命的盐卤池，它们的生命就永远凝固在那一刻。

盐池边缘地带的生物

然而生命总是出乎我们的意料，仔细观察，你会发现海底湖泊并非一片死寂。在盐卤池的边缘地带那密密匝匝的是沙砾吗？其间好像还有什么东西在晃动？是的，"汝之蜜糖，彼之砒霜"，就在那些误入池中丢了性命的生物尸体旁，数量惊人的巨大贻贝围绕在盐卤池边缘，它们的寿命可达百年。在贻贝丛中还有各种觅食的虾、蟹，看着它们悠闲自在的模样，仿佛不远处池中的残骸是一个幻觉。

有一种名为通鳃鳗的鱼类，也许是饥饿驱使，它们在盐卤池上方游荡，甚至不时地在这致命的池水中钻入钻出，寻找食物。由于上方的海水近乎透明，通鳃鳗给人一种在空中飞翔的错觉，没有翅膀的蛇形生物也能"飞翔"在海底，这样的景象让人称奇。但钻入盐卤池这样冒险的行为不能持续太久，盐卤水会使通鳃鳗出现中毒性休克的现象，它们抽搐着把自己打成一个结，短暂地丧失了游出盐卤池的能力，若不能在沉入盐卤池底之前恢复，它们就会沉没在浑浊的盐卤池中。

除肉眼可见的生物外，盐卤池内还有极度嗜盐的古菌。在盐卤池及周围的环境中，微生物和海洋上方沉积下来的有机碎屑是它们的食物来源，这样的极端环境也能孕育生命，真让人慨叹生命的顽强和奇妙。

除了盐卤池这样的高盐湖泊，在海底有没有盐度低于正常海水，甚至是淡水的海底湖泊呢？答案是肯定的。如果在某处海底，地下水的水量较大，就会在海底形成淡水或低盐水海底湖泊。这样的湖泊将成为人类新的淡水资源。

科学家们对海底湖泊及其周边特殊的生态系统投入了很大的研究热情，有些人认为这种极端环境可以作为外星球发现水源的预设或者对照。无论如何，海底湖泊的发现打破了人们原有的认知，让我们的视角不断延伸，也更加真切地感受到了自然的神奇与奥秘，领会了爱因斯坦的那句名言：科学是永无止境的，它是一个永恒之谜！人类对自然的不懈探索，是科学最大的魅力所在。

> **知识小卡片**
>
> **密度分层** 由于流体中的物质混合不均匀、深度不同、扩散不彻底等原因引起的不同层面的物质的密度差异现象。

形成淡水的速度很慢，可能需要上万年。

● 淡水的形成过程

声、光、电磁

作为陆生的人类，我们所熟悉的声、光、电到了水中就表现出不同的特质。比如声音，我们在陆地上或海面上听到的激烈的海潮声，到了水面以下就变成舒缓的汩汩的水声；比如太阳光，跨越 1.5 万万千米的距离来到地球表面，仍然明亮炽热，可一旦进入海洋就仿佛被无情的大口吞噬，仅仅几十米深度，光线就变得斑驳陆离、晦暗不明，200 米以下更是如永夜般黑暗；还有那些磁异常海域的恐怖传说……

海洋里的洪钟大吕
——座头鲸

● 海豹在浮冰上休息

在南极洲的一个小岛附近，灰蒙蒙的天空下，一望无际的海面上漂浮着碎冰块。一只成年海豹吃饱喝足之后，跃上了一块浮冰，慵懒地卧在上面休息。

　　一头虎鲸发现了浮冰上这只落单又毫无警觉的猎物，并告知了身旁的同伴。它们悄无声息地一步步靠近浮冰。配合默契的虎鲸们围住了这块浮冰，发出嚣张的长啸，领头鲸一声令下，虎鲸们纷纷用尾巴拍击水面，制造出巨大的海浪，浮冰剧烈地摇动着，一旦浮冰被掀翻，海豹就会被猎杀，可谓危在旦夕。被惊醒的海豹意识到自己正处于孤立无援的绝境，于是它一面发出悲哀的呼叫，一面左顾右盼，祈盼同伴出现。

　　这时，奇迹真的发生了，一声洪钟大吕般的吼声传来，只见浮冰附近升起了一片灰色的背鳍，一头巨大的座头鲸迅速浮出了水面，它一边发出大声的吼叫，从鼻孔喷出高高的水柱，一边冲入虎鲸的包围圈，用自己的身体破开虎鲸进攻海豹的路线。座头鲸滚雷般的吼声在海水中传开，并且传得很远，不但吓住了眼前的虎鲸们，也通知了自己的同伴。没过一会儿，听到求援警报信号的另一头座头鲸也从远处赶来，吼叫着应和同伴，加入了救援队伍。就这样，两头座头鲸成功威吓住了虎鲸。面对两座小山一样的庞然大物，虎鲸群无可奈何，只能悻悻退去。

● 座头鲸

　　接下来，座头鲸好事做到底，将海豹护送到一片开阔的冰面，看着它上岸逃脱绝境。

　　其实引来座头鲸的并不是海豹的呼救声，而是虎鲸自己暴露了围猎行动。虎鲸在追踪猎物的时候，往往是非常安静的，但是一旦开始攻击，就会大喊大叫，通过特定的声音与同伴互相配合，捕捉猎物，同时也给猎物以巨大的恐惧感，让猎物惊慌失措，失去反抗能力。座头鲸就是听到了虎鲸捕猎的叫声才得到信息的。

🌸 声音的传播

那么，座头鲸是怎么听到远处虎鲸的叫声的呢？这就要从声音的传播说起。

我们可以做一个关于声音的小实验，准备一盆水和一个音叉，将音叉敲响放入水中，可以看到音叉振动带动周围的水振动，形成了一圈一圈的水波纹，并向外传播。从这个小实验可以看出，声音由物体的振动产生，以波的形式传播。

●音叉振动带动水振动

我们可以和小伙伴面对面自如地对话，说明声音能在空气中传播；即使和小伙伴在不同的房间，我们也可以通过提高音量使对方听到自己的声音，说明声音也能在墙壁中传播；钓鱼的时候要尽量保持安静，因为我们的声音会吓跑水中的鱼，说明声音还能在水中传播。

声音能在气体、固体和液体中传播，在物理学中，我们把能传播声音的物质称为介质，声音的传播需要介质。在太空中，因为没有传播声音的介质，所以两个宇航员哪怕离得很近，也不能用声音传播信息，只能通过肢体语言或者无线电通话。相反，声音在海水中可以远距离传播，对于听觉灵敏的座头鲸，可以听到几千米以外虎鲸捕猎的叫声。

座头鲸就像海洋里的超级英雄，无论是海豹、灰鲸，还是翻车鱼、北海狮，只要座头鲸听到虎鲸捕猎的声音，都会循声而去。它们一边快速游向虎鲸捕猎的水域，一边发出洪钟般的声音吓退虎鲸。座头鲸甘当保护神，一次次地保护着像海豹这样的动物免遭虎鲸的猎杀。

🌸 座头鲸的特点

座头鲸虽然不是世界上最大的鲸类，但也是海洋中当之无愧的庞然大物，最大的雌性座头鲸有 18 米长，25 ~ 30 吨重。其个头与虎鲸相比，如同非洲草原上的成年大象与狮子，它有力的尾鳍一旦拍在虎鲸身上，虎鲸非死即伤。

●座头鲸

座头鲸的头部相对较小，下巴出奇地大，像一个大箱子，而上颚又薄又平，像盖子一样盖在下巴上，上颚外表面还有很多很大的瘤状凸起，因此被称为座头鲸。

座头鲸还拥有鲸类中比例最长的胸鳍，也就是前肢，成年座头鲸的胸鳍可以达到 5 米多，几乎是它体长的三分之一，因此座头鲸也被称为"大翼鲸""长臂鲸""长鳍鲸"等。座头鲸的背鳍很低，整个背部向上弓起，形成一条曲线，因此也被称为"驼背鲸""弓背鲸"。

当然，座头鲸最令人称奇的是它能发出 7 个八度音阶的音，而且可以像人类一样唱歌，是鲸类中名副其实的歌唱家。它们每年有 6 个月每天都要唱歌，歌声纯正优美。更有意思的是，不同海域的座头鲸群相遇时还会互相交流歌唱心得，互相学习对方的"传统曲目"和"歌唱技巧"。

座头鲸虽然体型巨大，但其食物主要是体长不到 1 厘米的小型甲壳动物——磷虾，还有毛鳞鱼、玉筋鱼等小型鱼类。座头鲸属于须鲸类，没有牙齿，但在应该长牙的颚上长着一排密密的鲸须。进食时，它们张开大嘴，上颚和下巴能形成 90 度夹角，嘴巴的横径可以达到 4.5 米，而且下颚还可以暂时脱开关节，下巴上的皱褶也会张开，这样能最大限度地撑大嘴巴，不但可以吞下最多的海水，而且可以防止海水中的磷虾、小鱼跑掉。它们一口吞下的海水达几吨重，闭紧嘴巴后，收缩下巴上的皱褶，将海水通过鲸须挤出，把磷虾等食物留在口中。

座头鲸性情温顺，通常成对或成群活动，每年进行有规律的南北洄游，以便追逐最大的磷虾种群，而磷虾量跟浮游植物量有关，也就跟光照的辐射强度有关。所以，座头鲸的洄游实际上是跟海域的季节有关。

🔊 知识小卡片

声波 声音的传播形式，是由声源物体振动产生并通过其他物体传播的一种机械波。人耳可以听到的声波的频率一般在 20 赫兹至 20000 赫兹之间。高于 20000 赫兹的声波为超声波，低于 20 赫兹的声波为次声波，人耳听不到。

介质 可以传播波状运动的物质。可以传播声波的物质就是声波的介质，如空气。

来自大洋深处的声音

● "奋斗者"号图

　　2012 年，我国第一艘载人深潜器"蛟龙"号曾经在马里亚纳海沟创造了载人深潜器深潜 7062 米的纪录，我国的第二艘载人深潜器"深海勇士"号于 2018 年在中国南海也深潜到 4500 米的深度。在此之后，人们翘首以盼的就是万米级载人深潜器"奋斗者"号了。

　　2020 年 10 月 10 日，载人深潜器"奋斗者"号搭乘它的母船"探索一号"，与"探索二号"一起，从海南省三亚市的码头启航，向东南方向驶往世界上水深最深的海域——马里亚纳海沟所在的海域，开展万米深潜试验任务。"奋斗者"号的目标是——突破万米深度，坐底马里亚纳海沟，开展科考调查。10 月 27 日，"奋斗者"号成功在马里亚纳海沟下潜至 10058 米水深处，首次突破了万米水深，实现万米深潜。

2020 年 11 月 10 日，又一个深潜奇迹诞生了。北京时间 8 时 12 分，"奋斗者"号在马里亚纳海沟成功坐底，坐底深度为 10909 米。这不但刷新了它在十多天前刚刚创造的 10058 米的深潜纪录，也创造了全世界载人深潜器所达到的最深深潜纪录。更重要的是，"奋斗者"号在这个深度进行了 4 个多小时的深水环境科学考察工作，这是人类在地球上最深的地方进行的第一次实地探险考察。

"万米的海底，妙不可言。我们希望能够通过'奋斗者'号传回的画面，向大家展示万米海底壮观奇妙的景象。"这是从万米深海底部传来的、执行该潜次任务的潜航员清晰的声音。

✳ 声音在深海如何传出

在万米深海，声音是怎么传出来的呢？

在陆地上，我们通过有线电话或者手机可以轻松地实现通信。"奋斗者"号离开母船到海中以后，就成为完全独立的潜水器，没有电缆与母船相连，因此，无法使用有线电话进行通信。而海水会吸收电磁波，电磁波在海水中传播时，其强度会随着传播距离的增加而迅速衰减，很快就消失了，因此，也无法使用无线电进行通信。那么深海中深潜器里的潜航员是如何与母船上的同伴进行通话的呢？

原来，深潜器中的潜航员与母船上同伴之间的通话是通过"奋斗者"号深潜器搭载的声学通信系统实现的。这个系统是充分利用声波在水中的传播特点研发出来的。声波不但可以在水中远距离传播，不会失真，而且传播速度远大于其在空气中的传播速度。海豚、鲸等海洋动物就是利用声波来获取周边海水环境信息，并与同伴交流的。声学通信系统的发明正是受到海豚、鲸类声呐系统的启发，把声波在水中的传播特点巧妙地运用到了海上探测和通信设备中。

声音在不同介质中的传播特征不同。我们把声音传播的快慢称为声速，表示声音单位时间内在介质中传播的距离。声速与介质的种类有关，例如，水中的声速大于空气中的声速。声速还与介质的温度有关，在相同的介质中，温度越高，声音传播得越快。一般来说，声音在 15 摄氏度的空气中传播的速度为 340 米每秒，而在 15 摄氏度的水中传播的速度为 1500 米每秒。也就是说，在同样的温度下，声音在水中传播的速度比在空气中更快，而且传播的距离更远。水是非常有效的声音传播介质。

当潜航员乘坐"奋斗者"号进入深海时，会使用声学通信系统与科考船上的同伴进行交流。这一通信系统也是"奋斗者"号与其母船"探索一号"之间有效通信的桥梁。如果没有其他潜水器或水下机器人协助通信，声学通信系统就是母船和深潜器之间唯一的沟通渠道。

🪸 声学通信系统的工作原理

声学通信系统的工作原理是，将话筒接收到的潜航员的声音信号（声波），转变为电信号（电磁波），去除噪声信号后，再把电信号转变为低频率的声音信号，通过深潜器上的声呐天线发射到水中，以声波的方式被海面科考船上的声呐天线捕获，声呐装置将声波再次转变为电磁波，经过放大、还原处理，再转变为我们可以听到的声音信号，这样就实现了潜航员和母船上同伴之间的通话。

同样，母船上人员的声音也可以通过声学通信系统传递到深潜器中，被潜航员听到。这个通信过程经历了由声波转为电磁波，电磁波转为声波，声波转为电磁波，电磁波再转为声波的过程，从而实现海洋中的远程通信。

声波 电磁波 声波 电磁波 声波

● 声波→电磁波→声波→电磁波→声波传递示意图

在这个过程中，电磁波的传递全部在金属导线这一介质中，而信息的远距离传播则完全是通过声波在海水中传递的，从而避免了电磁波在海水中被吸收、衰减而丢失信息，同时充分利用了声波在海水中传播速度远比在空气中传播快的优点。声学通信系统不仅可以传播潜航员的声音信息，还可以实时传送文字和图像信息，其传播原理相同。

"奋斗者"号的声学通信系统是由我国自主研制的，成功实现了"奋斗者"号载人深潜器与"探索一号""探索二号"母船之间的通信，将海底的科考调查画面实时传送到海面科考船上，是我国深潜科考事业的一个巨大技术突破！

🐾 声学通信系统的缺点

声学通信系统在载人深潜器深海考察的通信中也是有缺点的，因为声波在水中的传播速度大约为 1500 米每秒，远低于电磁波大约 30 万千米每秒的传播速度，因此，深潜器下潜得越深，潜航员与母船之间的通话延时会越长。以"奋斗者"号在海底 10909 米处坐底时通过声学通信系统与母船通信为例，深潜器与母船的垂直距离为 10909 米，声波的传播时间大约为 7.3 秒，也就是说，潜航员在深潜器中说话，母船上的同伴最快也需要 7 秒多之后才能听到。一些无人有缆深潜器则利用光缆进行深潜器与母船之间的通信。例如，我国"科学"号科考船上配载的"发现"号无人有缆深潜器，与母船之间即有缆绳相连，缆绳中有光缆，电磁波在光缆中以光速传播。因此，在"科学"号科考船上的操纵者的指令会以光速传到"发现"号上，操纵"发现"号的样品和影像的采集动作，指令信号可以达到实时传递，几乎察觉不到延时。

● 深潜器在海底坐底时与母船通信示意图

《 知识小卡片

声呐 一种利用声波在介质中传播以及遇到物体会反射的传播特性，通过发出声波装置和接收反射声波装置进行导航和定位的技术。声呐发出的声波通常是超声波。很多动物，如蝙蝠、鲸类等利用声呐进行导航和定位，搜寻猎物，发现天敌。

海的颜色

在大海中航行时，一眼望去，是无边无际的蓝色的海面，或隐或现的白色浪花像无际蓝色上的条纹。海与天在极远处一线相交，深蓝与浅蓝在那儿融为一体。

我们在绘画时，会习惯性地拿起蓝色的画笔去描绘海面；写作文时，往往会写"蓝色的海洋"。可是当我们舀一杯海水——无论是黄海的还是东海的，无论是太平洋的还是北冰洋的，我们都会发现，海水是无色透明的。难道是这一点点的海水，不足以显示出蓝色？当海足够大，海水足够多时，颜色就会发生变化？

🦀 海色和水色

海色和水色，听起来好像是一回事，但其实是两个完全不同的概念。

海色，指的是我们平常所能看到的大片的海面的颜色。海色常常因天气的变化而变化：晴空万里时，海面总是蓝得耀眼；太阳快落下时，海面又会被装点成闪闪发亮的金色；当大雨或风暴来临时，海面又会显得灰暗、阴沉，好像在酝酿一场骇人的灾难。这一切都是光的魔术，这些变化的颜色不是海水的本来样貌，而是与海面上环境的颜色密切相关，是海面对海面以上景物的反光，也可以说是由海水对阳光的吸收、反射、散射等形成的。

海水的水色，指的是海洋水体本身所呈现出来的颜色。

我们平时所看到的灿烂的阳光，其实并不是单一的白色，透过三棱镜，阳光就会被分成红、橙、黄、绿、青、蓝、紫七种颜色。

不同颜色的光，波长各不相同，红色光的波长最长，而紫色光的波长最短。海水在对不同的光进行吸收或者散射时，有明显的选择性。

《 知识小卡片

光波 光以波的形式传播。可见光的波长范围在 400～760 纳米，不同的波长，光表现出不同的颜色，波长由长到短依次为红、橙、黄、绿、青、蓝、紫。光的传播速度，即光速，是一个物理常数，约为 30 万千米每秒。既然光速是个常数，那无论什么波长的光，其传播速度都是相同的，因此波长长的可见光的波动频率就小于波长短的可见光的波动频率，即可见光的频率由高到低依次为紫、蓝、青、绿、黄、橙、红。

白光

颜色分离

300　400　500　600　700　800　（纳米）

波长

水深(米)

50
100
200
300

波长较长的红光、橙光、黄光等，在 30 ～ 40 米水深的地方，几乎全部被海水吸收。

波长较短的青光、蓝光、紫光，特别是蓝光，不易被吸收，会被反射或散射出海面。在所有颜色的光中，蓝光是被水分子散射得最多的一种光，也就是说，蓝光最不会按照既定的路线向大海的深处走，而是在海面上向四面八方散开。

● 海水对不同波长的光进行吸收或散射时的选择性。可以看出，其他颜色都被海"吞噬"了，只有蓝光、绿光和青光继续在海水中旅行，所以我们看到的海水是蓝色的。

当我们潜入大海 20 米及以下深度时，看到周围的物体基本都呈现出蓝绿色调。有的生物身上有五颜六色的花斑，但在 20 米以下的海洋里，如果不借助特殊的照明灯，仅仅利用海面上投射下来的太阳光观察它们的话，我们看到的这些生物的花斑是明暗不同的蓝绿色花斑，只有把它们带到海下 10 米以内，它们的本来"面目"才会呈现出来。

🦀 影响海水颜色的因素

当然，影响海水颜色的因素还有很多。首先是太阳光的强度，阳光越强烈，海水透明度越大，水色就越明亮，光透入海水中的深度就越深。随着透明度的降低，海水会由青绿色转为更深沉的蓝色。此外，海水中的悬浮物，对海水透明度和水色也有很大的影响。在开阔的大洋中，悬浮物少且细小，海水透明度较大，水色也比近海更蓝；而在近岸的浅海地区，由于靠近大陆，悬浮物多且大，透明度就比较低，水色则多呈绿色、黄绿色，甚至浑黄色。

从地理分布来看，水色和透明度在不同纬度也有差异。热带、亚热带海区的水色多为蓝色，而寒带和温带海区的海水就显得不那么蓝了。同时，海水含盐量的多少，也是影响水色的一个因素，含盐分少，水色多为淡青色；含盐分多，水色多呈碧蓝色。

红海是位于印度洋的内陆海，它的表层繁殖着一种海藻，这些海藻死后是红褐色的，大量死亡的海藻漂浮在海面上，久而久之，整个海面就变得红彤彤的。不仅如此，在红海的浅海区域，还有不少红色的珊瑚礁，在它们的映衬下，海水越发呈现出红褐色，于是就有了"红海"的美称。

1855年之前，黄河一直从江苏北部携带大量泥沙流入黄海，虽然在1855年一次洪水泛滥后黄河改道流入渤海，但长江、淮河等河流还是携带大量泥沙流入黄海。久而久之，海水的含沙量大，再加上黄海水浅，盐度较低，泥沙不容易沉淀，海水不能很好地吸收红黄光，"黄海"因此得名。

位于欧亚大陆之间的黑海，是一个典型的内陆海，由狭长的海峡与地中海相连。黑海本身含盐度比较低，水位比地中海高，所以黑海表层比较淡的海水会通过土耳其海峡流向地中海，而地中海又咸又重的海水则从底部流入黑海。这些重量大的底层水很少与上层水产生对流，导致底层水缺乏氧气，同时又含有大量有毒的硫化氢，上层水中的生物死后会沉降到底层，尸体便会腐烂、发臭。航行在海面上的人们若向下看去，就会发现海水的颜色是深深的青褐色，仿佛一潭死水。

白海 位于北极圈附近，是北冰洋的边缘海。它的海水其实与普通的海水没什么两样，也是无色透明的。但由于高纬度地区气候严寒，常常被冰雪覆盖，白色的冰山在其中漂浮着，很少见到汹涌的波涛，远远望去一片洁白。

《《 知识小卡片

溶解 通常指的是一种或一种以上的固体、液体或气体（溶质）以分子状态均匀分散于另一种液体（溶剂）的过程，这种混合物称为溶液，溶解又称为溶化。

为什么会泾渭分明

陕西省西安市是我国的十三朝古都，是中华文明的发源地之一，很多古代的传说和成语典故都出自这里。西安北部高陵区的泾河和渭河交汇处是著名的旅游打卡地，是"泾渭分明"成语的出处。这个成语的原意是指泾河和渭河呈现非常明显的水色差异，一条河非常清澈，另一条河非常浑浊，一眼就能看出差别，两河相遇，清浊毕现。观景的游客们可以在此温习"泾渭分明"的故事，听一听魏徵梦斩泾河龙王的传说，体验历史的长河正自远古滚滚而来，从身边流过，又毫不停歇地向未来奔去。我们也常用"泾渭分明"来形容两件事物界限清楚、是非分明。

为什么会"泾渭分明"？同样是西安附近的河流，泾河和渭河为什么会有如此明显的差别呢？原因很简单，两条河所含泥沙量不同，悬浮物不同，造成河水的透明度不同，所以才呈现出不同的水色。泾河下方相对细窄、颜色偏绿，渭河上方相对较宽、颜色深浊，真的是"泾渭分明"。

我们今天看到泾河水清而渭河水浊，以为这就是"泾渭分明"一词的来源，殊不知泾河、渭河、的清澈与浑浊也几经变迁，多次互换角色。也就是说，泾河不是一直清澈，而渭河也不是一直浑浊。历史上有记载的泾渭清浊变迁至少有 6 次之多。这与两河的流域环境、流域内人类的生产活动、气候变迁和季节变换有关。

泾渭河的变迁

从地理上看，泾河发源于宁夏，大部分流域都处于黄土高原，水土流失严重，而渭河发源于甘肃，离黄土高原较远，流经秦岭与黄土高原之间的关中平原，所谓"八百里秦川"之地，所以泾河比渭河浑浊是很容易理解的，黄土高原最不缺的就是黄土。

在先秦及春秋战国时期，由于人口较少，人类活动对植被的破坏也小，那时渭河流域的水质比较

知识小卡片

水质 水的品质通常用水中溶解的物质含量为标准来衡量。海水水质检测的溶解物质通常包括各种重金属、盐度、营养盐、石油等。

悬浮物 悬浮在水中不溶于水的无机物、有机物、泥沙、黏土、微生物等固体物质，悬浮物是造成水浑浊的主要原因。

透明度 水的清澈、透明程度。透明度与水中悬浮物含量成反比。

黄
宁
山
夏
西
洛
泾
河
河
河
甘
河
肃
陕
渭
天水 宝鸡 咸阳 渭南 潼关
河
西

泾河和渭河交汇处

清澈，因此是泾浊渭清。

　　汉唐以后，中原地区成为中华民族繁华之地，以古都西安为中心的渭河平原人口增多，农业发展、生产活动增加，因此对植被的破坏加剧，这使得渭河两岸的水土流失日益严重，河水含泥沙量逐渐增大。相比之下，泾河虽然流经黄土高原，但黄土高原不适宜人类居住，人类活动少，植被破坏相对就小，因此泾渭的水色就掉了个个儿。

气候变化

　　历史上，中国这块土地上的气候也是一直在变化的，平均气温在大尺度时间（长期）上一直是波动的。温度低会影响农作物产量，同时影响降雨，而降雨是影响河水中泥沙量、腐殖质等悬浮物多少的关键因素。降雨对缺乏植被覆盖的泾河流域和有较好植被覆盖的渭河流域的泥沙冲刷强度不同，造成的水土流失也不一样。同理，不同季节黄土高原和秦岭的降水量、降水强度也不同，甚至同一季节的降水高峰在两河流域也有时差，即枯水期和盈水期在两河流域是有差别的。因此，泾河和渭河的清浊不但在不同时代（大尺度时间）有变迁，甚至在不同季节（小尺度时间）也有变化。于是，两河的水色也就反反复复地变动，一直持续到现在。

武汉两江交汇

两河交汇处的"泾渭分明"现象

"泾渭分明"的现象并不是泾渭交汇处所独有的，只要两条河流交汇且水色差异较大都有可能出现"泾渭分明"的现象。

重庆市朝天门的长江与嘉陵江交汇处、武汉市江滩的长江与汉江交汇处，都有水色分明的现象。黑龙江省同江市内的松花江与黑龙江交汇处，携带较多泥沙的松花江和携带大量腐殖质的黑龙江则呈现出"黄黑分明"的界限。

入海口的"泾渭分明"现象

在大江大河的入海口也能看到河水与海水"泾渭分明"的现象，特别是在泥沙含量高的河流的入海口，这种对比就更加鲜明，最著名的就是黄河入海口了。黄河发源于青藏高原巴颜喀拉山北麓，全长约 5464 千米，穿越中原腹地，滋养了中华文明，被称为"母亲河"。黄河是世界上含泥沙量最多的河流，每年它都会携带 12 亿吨泥沙东流入海，在入海口处形成"黄蓝相间"的奇观，这种"泾渭分明"的现象即使在高比例的卫星照片上也清晰可辨（渤海和黄海在某些交汇段会在特定的时间出现明显的界限）。

无论是两河交汇还是河流入海，都会因水质不同而在交汇处形成明显界限，随着流动交融水色终究会均一。广阔的海洋上，不同海域之间也会因地势、洋流、生物等的不同，使得海水悬浮物不同而显现出不同的颜色，在交汇处形成明显的分界线。

小贴士

● 黄河与海水交汇处

🪸 海水中的水色变化

海水中有些水色变化是正常的，有些却预示着海洋危机，其中最广为人知的就是"赤潮"。赤潮也叫红潮，它是海洋中某些浮游生物物种急剧繁殖后产生大量个体，使得海水水色随着该物种体色变化的现象。赤潮并不都是红色的，由于急剧繁殖的浮游生物种类不同，也有褐色、黄色或者绿色的，这些现象都被称为赤潮。

●赤潮

赤潮的产生

赤潮大都与人类有关，与人类排入海洋的污染物成分有关。含有大量有机物的生活污水、工业和农业废水排入海洋后造成局部海域富营养化，不但会使一些生物因污染而被杀死，而且会使赤潮生物因大量突如其来的营养供应而快速生长（不同生物需要的营养物质是不同的），它们消耗掉水中大量的氧气，堵塞其他海洋生物的呼吸器官，使其在死亡后分解出有害物质，造成赤潮区大量鱼、虾、贝类死亡或者逃避。此外，沿海开发、海水养殖、海上航运，甚至全球气候变暖也都是赤潮产生的诱因。

绿潮的产生

绿潮是由海洋生物引发的海洋生态灾害。海面上漂浮的大量绿藻称为浒苔，浒苔的大量聚积不仅影响海岸景观，还会危害近岸和近海生态系统的正常运转。浒苔大量繁殖，不仅争夺营养物，还挤压其他海洋生物的生存空间。浒苔死亡后的腐烂物也会释放大量有害气体，危害其他生物。

●绿潮

深海动物的流行色

　　"流行色"这个词来自时尚界，特别是服装设计领域。关注一下模特表演的服装或者注意一下大街上穿着打扮时尚的年轻人，特别是女性的服装颜色，就会发现，每年特别流行的颜色都不尽相同，有的年份是紫色，有的年份是黄色，还有的年份是红色或者绿色。每个年份流行的服装颜色就是当年的流行色。海洋动物有各种体色，我们不妨看一下海洋动物的流行色是什么。

浅海动物的颜色

　　海洋生物学家通过调查发现，在浅海生活的动物身体的颜色是五颜六色的，不但有红、橙、黄、绿、青、蓝、紫等颜色，而且用这些颜色组合出了各种各样的花纹，漂亮极了。

● 浅海动物身体的颜色和花纹

🌿 深海动物的颜色

　　深海动物身体的颜色通常比较单调，通体多为白色、红色、黑色，甚至是无色透明的，而且很少有花斑。这是为什么呢？

　　任何生物的形态和体色都与其生活环境密切相关。深海动物也不例外，它们的身体颜色之所以较为单调，而且偏红色、白色、黑色和透明色，与深海的极度黑暗环境有关，这是这些动物亿万年来逐渐适应黑暗的深海环境进化的结果。

● 几种深海动物身体的颜色

可见光的波长

可见光谱

400 纳米   500 纳米   600 纳米   700 纳米

| VIOLET | BLUE | CYAN | GREEN | YELLOW | ORANGE | RED |
| 紫 | 蓝 | 青 | 绿 | 黄 | 橙 | 红 |

● 可见光的波长

　　可见光可以被分解为红、橙、黄、绿、青、蓝、紫 7 种不同颜色的光，这 7 种色光的波长正好是按顺序依次缩短的，也就是说，红光的波长最长，而紫光的波长最短。波长越长的光，在传播时越容易穿透空气和水，越不容易被空气中的空气分子和尘埃或水中的水分子所阻挡而不容易发生散射，因此，波长越长的光传播得越远。相反，波长越短的光，越不容易穿透空气和水而更容易发生散射，因此，波长越短的光传播得越近。

　　这如同湖面上水的波纹，如果波纹的波长很长，即两圈波纹之间的距离很宽，水波就容易跨过湖面上的障碍物，继续向远处扩散；如果波长很短，即两圈波纹之间的距离很窄，水波就容易被障碍物挡住，例如，水波被水面上露出的大石块甚至漂在水面上的树叶挡住，不易通过障碍物继续扩散。

● 不同波纹遇到同一障碍物的传播效果

海水的层次

　　直射的太阳光在清澈的海洋里最多可以照射到 200 米深，因此，从海面到 200 米深的海洋上层被称为透光层。

海洋中的海水并不是完全均匀的，由于来源不同，盐度和温度等也不同，海水以很多水团的形式存在，多个较小的水团会缓慢融合，形成更大的水团。可见光进入海水后会被水团之间的界面反射，多次反射后，太阳光最多可以照射到 1000 米深处，因此，从 200 米到 1000 米深的海水层被称为弱光层。

在 1000 米以下的深海中，就检测不到任何太阳光了，无论是直射的太阳光还是反射的太阳光。因此，1000 米以下的海洋是极度黑暗的世界，被称为无光带。深海无光带并非绝对没有光，只是没有太阳光。像前面提到的，一些浮游物或底栖动物为了捕食、求偶、寻找同类、阻吓天敌等，会发出微弱的荧光，而海底火山爆发发出的光也会在瞬间照亮海底。

红色动物

由于红光的波长最长，因此在深海中的一些动物，如某些底栖鱼类、虾类或者蟹类，为了在极度黑暗的深海中能够利用极其微弱的海底荧光找到伴侣和同类，其身体颜色逐渐演化为红色或以红色为主色调。

白色动物

身体为白色的深海动物通常都是没有眼睛或者不以视觉求偶、寻找同伴的种类，而且大多是固着生活的，如海绵或生活在热液和冷泉环境中的白蟹。白色动物不需要合成色素而让身体呈现可见的颜色，从而节省了合成色素的能量和物质。另外，生活在热液和冷泉这样的特殊环境中，与环境中依靠化学能生活的细菌共生而不需要视觉，身体也就不需要有颜色了。

黑色动物

黑色的深海动物是为了更好地隐藏，把自己隐藏在极度的黑暗中，不让天敌或者猎物发现，在避开天敌的同时也有更多的机会捕食猎物。

> **知识小卡片**
>
> **可见光** 人眼可以看到的光。可见光是特殊波段的电磁波，一般人的眼睛可以感知的电磁波，即可见光的波长在 400 ~ 760 纳米之间。不同种类动物的可见光的波段不尽相同。例如，一些昆虫和一些鸟类可以看到低于 400 纳米的光，即紫外线，而猫、狗、野兔、野猪、狼等动物有夜视能力，因为它们可以看到高于 760 纳米的光，即红外线。

来自海底生物的光

当黑夜降临，特别是在没有月亮高悬的夜晚，一切都被夜幕"染"成了黑色，大海也不例外。但有些时候，人们却在夜晚看到海面发出幽幽的蓝光。

2020 年 10 月 27 日，辽宁省葫芦岛市望海寺海边就出现了罕见的海水发光现象。漆黑的夜空下，泛着蓝光的层层海浪涌向岸边，大海犹如进入了魔幻世界，遇到沙滩或礁石，浪花的蓝光就更明显了。有游客向这片海水中扔进了一块石头，立刻激起一圈泛着蓝光的水花，仿佛大海中住着小精灵，被突然造访的石头惊吓到了，猛地亮起了光。

生物发光

这其实是海洋中发光的微小浮游生物聚集群，在海浪或其他物理因素的刺激下出现的生物发光现象。那么，生物发出的光与我们生活中照明的光有什么不一样呢？

生物发荧光

生物发出的光是荧光，荧光是一种"冷"光，因为它们发光时并不会放出热量。研究人员发现，生物发光本质上是一种效率极高的化学反应，几乎在一瞬间，生物细胞将化学能转化成光能，产生可见的光，转化效率达到 95% 以上。而我们生活中用的普通电灯泡通电时，只有 7%～13% 的电能变成了可见的光，其余电能都变成了热能和不可见的光。当然，现在有很多节能灯的转化效率大大提高，但也比不上生物发光的效率。

●萤火虫

生物发光的物理特性

生物发出的光还有一些不同寻常的物理特性。

一是发光的颜色。海洋中生物发出的光多呈现蓝色或绿色。有些生物发出的光的颜色会随着环境的改变而改变。

二是发光的强度。一般来说，海洋中浮游生物发出的光较微弱，个体发光很难被人类的视觉所察觉，可一旦大量的浮游生物聚集在一起并同时发光时，就能产生可见光了。这就是我们观察到的海水发光现象。

三是发光的持续时间。各种浮游生物发光的持续时间长短不一，最短的是夜光藻，只有 0.1 秒。研究表明，一些生物发光的持续时间与刺激强度有关，刺激越强，发光持续时间越长。

生物发光用来作诱饵

海洋是发光生物高手云集的地方，特别是深海中，75% 的生物都有自行发光的能力。如果我们潜入阳光照不到的黑暗深海，伸手不见五指，唯独看到远处像有一个小灯泡在发光，你是不是想游过去一探究竟呢？深海中有很多小鱼就是这样想的。在黑暗的深海中看到这光亮以为是美食，游过去本想要饱餐一顿，不承想在这光亮之后却是长着獠牙利齿、张着大口的鮟鱇鱼，小鱼自然就成了鮟鱇鱼的美餐。

鮟鱇鱼又叫琵琶鱼，人们称其是"会钓鱼的鱼"，这是因为在鮟鱇鱼的头部上方有一根特殊的鳍条，很像钓鱼竿，在钓竿顶端有一个会发光的肉质器官，像一个小灯笼，充当钓饵。鮟鱇鱼会在大口附近摇晃"钓饵"，引诱其他小鱼来吃，只要耐心等待时机，便可饱餐一顿。

● 鮟鱇鱼

有趣的是，鮟鱇鱼自己并不能产生发光物质，它那肉质的"钓饵"器官中生存着许多微小的发光细菌，鮟鱇鱼给细菌提供充足的养料和舒适的"住所"，同时也依靠它们发出的光引诱好奇的小鱼、小虾前来，从而达到捕食的目的。在幽幽深海中，鮟鱇鱼就这样挑着一盏灯笼，轻轻松松就填饱了自己的肚子。

生物发光用来抵御天敌

生物发光还是许多动物抵御天敌的首选方式。例如，在章鱼的食谱中，行动缓慢的水母是美味的点心。但水母却不想束手就擒，它会想办法逃避天敌的捕食。

一种名为维多利亚多管的水母，在感受到捕食者靠近时就会发出绿色荧光。经过科学家研究发现，这一举动不是为了给捕食者章鱼照亮前方的路，而是为了吸引比当前捕食者更强大、更高级的捕食者前来捕食当前捕食者，令当前捕食者望而却步，维多利亚多管水母从而得以保全性命，脱离险境。海洋中大多数发光生物发出的光是蓝色的，也许是觉得蓝色太过普通，不够显眼，维多利亚多管水母就将其转化为绿色，在一片黑暗中，这不一样的色彩更具吸引力。不得不说，这一逃生策略是赌上性命的大冒险，但是却十分有效。

生活在深海的阿托拉水母，别名为礁环冠水母，分布在菲律宾海、安达曼海、日本北海道至本州中部一带的深水海域。与许多深海动物一样，这种水母的身体是深红色的。当受到捕食者攻击或感受到将被捕食的危险时，它会发出闪光，就像警车出动时的警灯一样，因此又被称为警报水母。和维多利亚多管水母发出绿色荧光的目的相同，警报水母的闪光也会将更强大的捕食者吸引过来，从而吓退正在威胁自己的天敌。

　　进一步的研究表明，警报水母之所以能发出闪光，是因为它们体内有一种叫"辐射隔片"的结构，里面充满了可以用来发光的气体，只不过可持续发光的时间有限，所以它们只有在受到威胁时才会发出闪光，平时都不发光，隐身在深海的黑暗区域。警报水母的这一特性被海洋生物学家所利用，通过模仿警报水母设计了一种能发光的"电子水母"，并将它放置在深海海底，配合水下摄影装置，吸引并拍摄到很多深海的大型神秘动物。

　　还有一种生活在深海的管水母，是由上百只水母沿着它们的中心轴群集组成的，它们可以同时伸出许许多多有毒、发光的触手，犹如在黑暗中燃放的烟火，这样既可以吓退前来捕食的天敌，又可以诱惑猎物进入这个由许许多多有毒的触手织成的致命的网中，成为它们的美食。

● 管水母

此外，一种生活在深海的虾，在遇险时可以迅速放出荧光物质，迷惑天敌，让天敌瞬间不知所措，虾则趁机逃跑。

由此可见，深海并不是纯粹的黑暗世界，虽然无法被阳光照射到，却也闪烁着无数"星光"。正因为深海是漆黑的环境，光才成为深海动物的一种强有力的"语言"，成为它们阻吓天敌、诱捕猎物、求偶、示警的工具，成为一种常用的生存之策。深海发光生物利用光的颜色、强弱及闪烁频率等向其他生物传递丰富的信息。据统计，深海动物中75%以上的物种会发光，甚至在某些开阔的深海区域，用渔网捕捉到的动物中80%～90%可发出生物光。

很多科学家致力于解读发光生物在用光表达什么，研究生物发光的原理，并力求将生物光应用到实际生活中。相信随着科技的发展，神奇的生物光会被广泛应用到我们的日常生活中，有一天或许你也会拥有一个用生物发光原理做成的台灯。

知识小卡片

荧光 有些物质在被可见光或可见光范围之外的电磁波（波长通常低于可见光）照射时会被激发而发出可见光，这种可见光能量很低，叫作荧光。被电磁波激发后可以发荧光的物质叫作荧光物质。

生物光 有些生物的器官、组织和细胞可以发光，即生物光。通常情况下，发光生物在发光部位有荧光物质与产生生物电的装置，电流激发荧光物质发光。因此生物光通常是荧光。

● 会发光的虾

指路的灯塔

灯塔

提起灯塔，我们都不陌生。在海边居住的人们一定对灯塔有更具体、更形象的认识。灯塔是为海上船只夜间导航的指示灯和方向标。

我们在陆地上无论是步行还是开车，都会有固定的道路，在夜间走路，通常也会有各种灯光，或者山峦、高大树木、建筑物等地标性物体给我们指引方向。即使在广袤的草原、沙漠、戈壁或原始森林等面积特别大、各个方向的物体非常相似且没有路的环境里，通常也能根据太阳、月亮、星星、大树的树冠等分辨东西南北，从而确定最佳行走方向。

在海上远航就不同了，不但周围环境都是大海，所有方向的景色都相同，且没有任何路标性参照物可以参照，在漆黑的夜晚只能靠星星辨别方向。更加危险的是，大海一直在涌动，使得船只每时每刻都在漂动、转向，导致人非常容易迷路而驶向非目的地的方向，甚至驶入危险的礁石区，撞上礁石或陆地，造成事故。

因此，很多年前，人们就在港口、码头或陆地突入海中的岬角、礁石区建造灯塔，帮助人们辨认方向和位置，从而避免夜间航行时遇险。在我国沿海及海上，大型灯塔就有235 座，而世界上大型灯塔更是有 22300 座之多。

世界上第一座灯塔

公元前约 270 年，埃及法老托勒密二世委派希腊建筑师索斯特拉图斯在法罗斯岛东端建造了世界上第一座灯塔，称为法罗斯灯塔，又叫亚历山大灯塔。

法罗斯灯塔高 400 英尺，是当时世界上最高的建筑。正因为这座灯塔如此恢宏和高大，所以它不光作为航标成为进出埃及亚历山大港船只的参照物，更是作为一项人类建筑杰作，向当时的人们展示了埃及王国的科技和制造实力。法罗斯灯塔作为日夜闪烁的"光源"，伴着潮水的呼吸，不知疲倦地履行着自己的职责，为夜间航行的人们带来安全感。

法罗斯灯塔建成后，古罗马人、阿拉伯人、印度人和中国人也都学会了这种用以保障海上行船安全的方法，在各自的周边海岸建造了灯塔。从此，在世界版图上，灯塔像点点星火一样，在海岸线、海岛上闪烁，点点星火相连，组成了灯塔网络体系。从此灯塔不光作为航海家、水手心目中家和安全的象征，也成为"向更远处航行"的一份安全保障，鼓励人们远洋航行。

灯塔的发展历程

船只在海上夜间航行时，越早、越远地看到或者发现灯塔，就越安全，越容易驶向正确的航道。如何才能让灯塔信号传播得更远呢？随着技术的进步，灯塔上灯的光源也逐步改进。

早期

灯塔以火作为光源，通常是燃烧木材或者点燃蜡烛，后来，燃烧材料换成了鲸油、橄榄油等动植物油脂，以减少浓烟，而且在大风天气更为适用，再后来，动植物油脂又被煤油替代。

1904 年

"频闪气阀"的发明，使灯塔的光源以不同频率闪光，不但可以让远处的船舶更容易看到灯塔的位置，也可以识别出不同的灯塔。

20 世纪初

乙炔气开始取代煤油，光源得到进一步改进，灯塔照得更远了。

1907 年

"日光开关"的发明，可以使真空管里的金属棒在热胀冷缩下启闭自动点火的开关，使得远洋、暗礁等位置偏僻的灯塔无须常驻值守人员，大大降低了建设、维护的成本。新的技术让灯塔具有了更多颜色和频率的光波，使一座灯塔能够表达更多的信息。例如，以红、绿光表示光弧内有障碍物。

灯塔的作用

灯塔的首要任务是护航照明。其次，灯塔也是提示危险的标志物，防止船只进入危险区触礁或者搁浅。除此之外，灯塔还具有军事防御功能。地球是球形的，所以在船只接近陆地的过程中，总是先看到高处的建筑。基于这个原理，灯塔一般都设计为高塔形。在灯塔上视野开阔，能看得到很远的海面上的情况，所以灯塔兼具了海防、瞭望的功能。所以在古代，灯塔往往和炮台、城堡等防御设施相邻建设，为海防做出了突出贡献。

各地的灯塔造型各异，而且有很深的时代和历史烙印。但它们有一个共同的特点，就是在灯塔的顶端都有一个集中的光源。

现在

灯塔的光源使用了电，而且照明技术越来越先进，灯塔的光发射器普遍搭载了抛物面镜和凸透镜，将散射的光汇聚成集束光，亮度成倍提升，照得更远了。

灯塔曾在人类航海历史中发挥了重要作用，但随着GPS、AIS、北斗定位系统、雷达等的出现，灯塔的作用逐步被取代和优化，船只也配备了更精准、更便捷的导航系统。不过，灯塔依然作为重要的人文景观和打卡坐标不断吸引着人们的视线。在众多的文艺作品中，灯塔也总作为阳光、希望等美好事物的象征出现。正如著名诗人、剧作家马雅可夫斯基说的那样，"要像灯塔一样，为一切夜里不能航行的人，用火光把道路照明。"

水中高压线——电鳗

在南美洲的亚马孙河流域，有些浑浊的河水中正在上演一场大战。

一条电鳗扭动着它长长的蛇一样的身体向前游动。成年电鳗体长可达2.5米，释放的电压最高可以达到800伏。这么强的电压足以击死一头牛，更别说是人。一条潜伏在水中的凯门鳄，瞪大眼睛，看着这条巨型的猎物上门，以为可以饱餐一顿，结果出乎意料，电鳗释放出高压电，凯门鳄全身遭到电击，肌肉麻痹、无力还击，只得趁着这只电鳗的攻势稍微趋缓时，赶紧挪动四肢逃上岸去了。

电鳗在陆地的河川中生长，成熟后，洄游到海洋中的产卵地产卵，产卵后就会因能量耗竭而死亡。因此，电鳗既是淡水鱼，又是海鱼。

● 电鳗

🐳 电鳗为什么会有放电的本领呢

电鳗的体内有长梭形的发电器官，这个器官由许多分布在身体两侧的"电板"组成，这些"电板"是有规则排列着的6000～10000块肌肉薄片。电鳗头部为负极，尾部为正极，电流从尾部流向头部。虽然电鳗体内的单个"电板"只能产生0.15伏的电压，但6000～10000个这样的"电板"串联起来，便能产生很高的电压。

而且电鳗的放电频率很高，每秒钟能放电50次，放出的电流威力巨大，影响范围可达3～6米。电鳗放电的威力取决于电鳗的体型大小和机体状况，当电鳗长度不超过1米时，电压会随着电鳗的成长而增加；当电鳗长度超过1米后，电压不再增加，但电流强度继续增加。可以说，电鳗是水中的"高压线"。

电鳗用放电来捕获猎物和抵御攻击。它会用头或尾碰触敌人或猎物，释放出强大的电流，释放的电量可以轻而易举地击死小型动物，有时还会电晕比它大得多的动物，例如，正在过河的牛。

那么放电威力如此强大的电鳗会不会电到自己呢？

不用担心，电鳗放电时是不会电到自己的。

一方面，电鳗的放电器官集中在尾部和头部，并且大部分身体或重要的器官都由绝缘性较好的组织包裹，这会减少电流给它们带来的伤害。

另一方面，电鳗通常只在水中放电。电鳗这个"天然电池"在水中放电时，由于水的

162

电阻比电鳗肉体本身的电阻更小，所以电流会通过水来传导，对自身的影响较小。若是电鳗被抓起，在空气中放电，因空气的电阻比它身体的电阻更大，它倒是有可能会电到自己。除此之外，如果电鳗受伤，身体两侧的绝缘层同时破损的话，放电时"电板"就像两条裸露的电线，会发生类似短路的现象。

🐋 我们能利用电鳗发电吗

电鳗放出的电跟我们生活中用的电是一样的吗？我们能养一些电鳗来发电吗？答案是否定的。

电鳗放出的电与我们日常生活中用的电是有很大差别的。首先，电鳗放出的电的电压为 300 ~ 800 伏，而我们日常的家用电压是 220 伏，电鳗放出的电的电压对于家用电器来说太高了，不能有效地供电，而且电鳗也不能稳定地持续输出一样大小的电压。其次，一条电鳗连续放电 10 到 15 秒之后就会"电力不足"，需要休息一段时间后才能继续放电。电鳗毕竟是生物，放电会大量消耗它的能量并让其感到疲倦，所以想让电鳗持续为我们的家庭供电是不可行的。最后，电鳗是一种很危险的生物。对于人类来说安全电压是 36 伏，安全电流是 0.01 安培，可想而知，在家中养殖电鳗是多么危险。美国《国家地理》杂志网站就把电鳗评为"地球上最令人恐惧的动物之一"。

由此看来，利用电鳗来发电是不可行的，我们还是要依靠火力发电、风力发电、太阳能发电等发电技术，在日常生活中要节约用电，为节能环保尽自己的一份力量。

🐋 还有哪些生物可以放电呢

电鳗属于电鱼家族中的一员，电鱼是所有能放电的鱼类的统称，目前人类已知的电鱼有几十种，它们身体中都有能产生电的特殊器官。除了我们介绍的电鳗，还有"海底电击手"电鳐、水中"发电机"电鲶等鱼类。在所有能放电的鱼类中，电鳗所放的电力是最强的，平均放电电压高达 350 多伏，美洲电鳗甚至能放出高达 800 伏的电压，不愧为"放电王"。因此人们给了电鳗以"水中高压线"的称号。

科学家们发现，几乎所有自然生物的生命活动都会发出电流（称为生物电），包括我们人类。与电鳗不同，大多数生物体内的生物电都很微弱。通过特别的仪器，如做心电图、脑电图等检测生物电信息的仪器，医生可以推测我们的人体生理过程是否处于正常状态。随着研究的不断深入，神奇的生物电会有越来越多的应用。

🔊 知识小卡片

电流 单位时间内通过导体任一横截面的电量叫作电流强度，简称电流。

电压 在电路中，任意两点之间的电位差称为这两点的电压。电压是推动电荷定向移动，形成电流的原因。

弱电流也有大作用

生物的进化真是奇妙，在适应不同生存环境的过程中，每种生物都进化出了自己独特的本领。生物电就是生物的一种生存工具。

生物电

　　生物电是弱电，是由生物的细胞发出的非常弱的电流，通常为毫伏级，即使电压高到几十伏，但因为生物细胞生成的电的电量很小，电流很弱，通常瞬间就没电了，所以也不会对其自身或其他生物造成大的伤害。

　　生物电虽然很弱，但在生物寻找食物、捕猎、御敌等方面却非常有用。就像本文要介绍的弱电鱼，它们释放出的微弱电流虽不像电鳗那样强大到电翻鳄鱼，但是，弱电鱼能够以此来感知这个世界，躲避天敌，探测猎物，还可以和同伴交流。

🐋 弱电鱼

● 象鼻鱼

弱电鱼并不是分类学上的概念，是人们把那些能发出弱电流的鱼类统称"弱电鱼"，如裸背鱼目、以电鲇为代表的鲇形目等。左图中原产于非洲刚果河流域的象鼻鱼，就是利用弱电流捕食中的代表。

　　有了能释放出弱电流的鱼，自然也有能感受弱电脉冲的鱼，例如，令人闻风丧胆的鲨鱼，它们具有一种特殊的器官，能通过感知弱电流来探测猎物。

　　想象一下，如果你也拥有了在水中发出电流这一探测、导航、交流的绝技，或者拥有了能探测弱电流的器官，你会如何适应以下两种场景呢？我们提到的象鼻鱼和鲨鱼又是如何做的呢？快一起来水中世界探险吧！

🐋 场景一

　　在非洲刚果河流域，复杂的水环境中潜藏着无数的危险，夜间出行捕食是一种不错的选择，但这也意味着眼睛失去了用武之地。一般水生生物喜爱的食物——蚊子幼虫偏偏又埋藏在沙子里。饥饿难耐时怎么办呢？象鼻鱼游来了，它会教我们如何利用弱电流和"长鼻子"吃到美味的蚊子幼虫。

　　象鼻鱼是夜行鱼，视力不佳的眼睛几乎是摆设，加之其喜爱的食物藏在河底沙子中，需要用嘴部延伸形成的"鼻子"探入河流底部的沙砾中翻找食物，难免会在河底泛起"泥沙迷雾"，这时象鼻鱼作为弱电鱼的本领就派上了大用场。

象鼻鱼的尾部能发出脉冲电流，形成电场，就像是用电流在身体周围支起了一张"电流蜘蛛网"，一旦有生物在探测范围内，电场的脉冲电流就会改变，形成反馈信号，信号被象鼻鱼"鼻子"下部的接收器所感应，就像蜘蛛感受到蜘蛛网的震动而知道网上有被粘住的猎物一样。

国外的研究者发现，象鼻鱼有两种不同的电感受器：一种用来探测信号的强度，一种用来感知信号的形状。综合两种电感受器的信号，象鼻鱼就可以准确感知周围有没有猎物以及猎物的大小和种类了。不同大小、不同形状的生物生成的信号在象鼻鱼"看来"是独特的，这样象鼻鱼也就能感知到附近出现的到底是蚊子幼虫还是可怕的天敌，它们能够迅速做出反应。不仅如此，象鼻鱼还会利用发出的弱电流进行交流，通过团队协作进行捕猎。

🐋 场景二

在广阔的海洋中，目光所及很可能除海水外空无一物，鲨鱼作为强大的肉食动物，急需饱餐一顿补充体力。当它利用敏锐的长距离追踪能力——听力、嗅觉等发现猎物时，却发现有些可口但非常狡猾的鱼儿埋藏在沙子里，或被追赶进入了一片浑浊的水域，此时鲨鱼体内神奇的近距离探测器官就要发挥作用了。

在1678年，意大利解剖学家劳伦兹尼解剖开鲨鱼的头部后，发现有很多孔，每个孔洞下面都连接着一条充满果冻样胶质物的小管，用手轻轻挤压，胶质物就会从小孔中流出。劳伦兹尼先是猜测这就是鲨鱼体表黏液的来源，但进一步的研究让他很快推翻了自己的想法。虽然劳伦兹尼穷其一生都没搞明白这个结构的作用，但是他一直相信鲨鱼在进化中保留这样的结构必然有它的用处。后来，为纪念劳伦兹尼的贡献，生物学家将这个结构称为劳伦氏壶腹，并继续研究这个结构的作用。

● 鲨鱼

直到20世纪70年代，科学家们才利用先进的技术揭开了劳伦氏壶腹的秘密。劳伦氏壶腹在以鲨鱼和鳐鱼为代表的软骨鱼的头部，尤其在颌和吻部分布较为丰富，是软骨鱼的电感应器官，能感受到猎物肌肉收缩时发出的微弱电流（电脉冲）。有了劳伦氏壶腹这一近距离探测利器，即使美味的猎物藏在昏暗的海底，或埋藏在沙子里，但在鲨鱼面前都暴露无遗。

从劳伦兹尼解剖开第一条鲨鱼，至于此人们用了三百多年的时间才搞清楚鲨鱼体内的这个器官到底起什么作用。

了解了这些知识，你对鲨鱼是否又多了一份敬畏呢？这一强大的海洋猎手为自己配备了如此精良的捕猎武器，真让人佩服。

弱电流虽不及"水中高压线"——电鳗发出的强大电流那样具有那么大的威力，但是被鱼儿们加以利用，成了探测、感知的工具，弱电流也有大作用。这启发我们不应过于羡慕别人的强大，而要善于发现、发扬自己的长处，练就自己的本领。

知识小卡片

生物电 生物的器官、组织和细胞在生命活动过程中发生电位和极性变化而形成的电流，是生物活组织的一个基本特征。有些生物会利用生物电，在特殊组织或者器官的特殊部位形成较高的电压，当受到天敌攻击或捕食猎物时会迅速放电，瞬间形成强电流，给天敌或者猎物造成伤害。

谈谈海浪发电

　　能源是人类社会发展进步不可或缺的部分。地球上的煤炭、石油、天然气等能源是有限的，并且这些能源的利用会对环境产生严重污染，引起温室效应，导致气候变化。所以人们一直在努力开发新的可再生能源以减少对传统能源的依赖。太阳能、风能、水电、生物质能等清洁能源的开发技术发展迅速，很多成果已经应用到实际生产生活中，但人们并未就此止步，研究者们还在不断地寻找新的清洁能源。

　　放眼自然，除了天空中的太阳、呼啸的风、从大坝上奔涌而下的水，还有哪些能源能为我们所用呢？不管是风和日丽还是大雨滂沱，不管是微风习习还是狂风大作，海面上一层层不断涌来的海浪吸引了研究者的目光。海浪发电体量巨大，清洁，可再生，可谓优点多多，但怎样才能将海浪的动能转化为电能呢？

🌿 海浪发电的方式

　　到目前为止，海浪发电主要有两种方式：一种是在岸边建造海浪发电装置，利用海浪压缩装置内的空气推动涡轮转动发电。但是岸边海浪较少，这种发电方式效率不高，输出的电量也不大；另一种是将海浪发电装置建在海浪较大的远海，通过机械装置将海浪的动能转化为电能，然后利用电缆将电能输送到岸上。使用这种方式，发电效率虽然提高了，但是难度加大了，成本也增加了。

　　无论采用哪种方式，目前的海浪发电技术都还不成熟。因为变幻无常的海洋环境让海浪发电变得成本巨大且具有危险性。水能载舟，亦能覆舟。海浪能用来发电，但巨大的海浪也会摧毁发电装置，所以海浪发电仍然处于研发试验阶段。

　　在苏格兰北部的奥克尼群岛，欧洲海洋能源中心在英国政府的资助下建造了全球首个海浪发电试验场——奥克尼海浪发电试验场，因为奥克尼海域的海浪极大，是海浪发电专家眼中的试验宝地。世界第一台海浪发电机"海蛇"的发电试验就是在此进行的。

🌿 "海蛇"

　　"海蛇"由四个圆柱形的不锈钢浮筒组成，每两节浮筒由活动关节连接，因此其在海面上随波涌动的样子像极了海蛇。"海蛇"能发电的秘密就藏在连接两个浮筒之间的活动关节处，在其关节内部有液压泵，当活动关节两侧的浮筒随海浪的上浮、下降移动时，就会推动液压泵中的活塞做往复运动，液压泵封闭回路中的水就会推动发电机发电。这样一来，海浪的动能就转换成电能，再通过海底电缆，将电输送到岸上。

"巨蟒"

除了"海蛇"，英国的海洋能源公司还设计了一个名为"巨蟒"的海浪发电机。与"海蛇"的不锈钢材料不同，"巨蟒"的身体是用橡胶制成的，里面装满了水，当海浪从不同方向挤压、冲击"巨蟒"的橡胶身体时，就会在其内部产生向外膨胀的冲击波，冲击波推动其内部的涡轮转动，海浪的动能就被转化成了电能。

Wavepiston 海浪发电系统

海浪发电机除可以利用海浪动能发电外，还能进行海水淡化。丹麦公司 2021 年最新公布的 Wavepiston 海浪发电系统由海上能量收集装置、岸上发电及海水净化装置两部分组成。海上部分由 24 个能量收集模块组成，其中设置有活塞泵，当海浪推动模块移动时，活塞泵就将海水泵送到岸上，到达岸上的海水产生了一定的压力，一部分有压力的海水通过反渗透膜变成淡水，另一部分海水推动涡轮装置发电。这样的设计十分巧妙，既能利用远离岸边巨大的海浪动力，又把发电部分转移到了陆地上，节省了铺设及维护海底电缆的成本。同时具有发电与海水淡化两大功能，显示了广阔的应用前景。可以想象，如果在一个孤立的小岛上有这样一台海浪发电机，就可以同时拥有电能和淡水了。这样的发明对一些小岛的居民来说是很有意义的，会极大地改善他们的生活。

除了上述介绍的三种海浪发电机，不同国家和地区的设计者们还研发出了其他种类的海浪发电机。有计算指出，假设海浪高度平均为 1 米，长度周期平均为 1 秒，则全球每天的海浪所产生的总能量至少可转换为 700 亿千焦的电能，因此海浪是大海所蕴藏的宝贵能源之一。相信随着海浪发电技术的不断进步，会有成本更低、效率更高的海浪发电机诞生，并大规模投入应用。这样我们就又拥有了一项可再生能源，从而减轻了对煤炭、石油等不可再生能源的依赖，进一步缓解能源危机，同时更好地保护环境。

海洋中的"磁"

●航海

🐳 哥伦布远洋遭遇

1502 年，著名航海家哥伦布率领远洋船队第四次远航美洲。一路都非常顺利，但当船队驶入北大西洋西部的一片区域时，海面上突然刮起狂风，巨浪滔天，船队好像航行在峡谷之间，几乎看不到天空和太阳。航海经验丰富的哥伦布立即下令让船队掉转航向，全速向今天的美国佛罗里达海岸附近前进，以躲避这突如其来的暴风天气。令哥伦布和船上所有船员感到惊惧的是，船上所有的导航仪器全部失灵了，舵手和水手们根本无法分清方向。不过幸运的是，哥伦布的船队最终凭借运气和水手们的沉着，在三个星期后死里逃生，驶出了这片危险的海域。

当船队离开危险的海域后，惊魂未定的船员们发现，本应指向正北方向的罗盘指针往西北方向偏转了 36 度。心有余悸的哥伦布立即向西班牙国王写信讲述了这次危险的经历，在信中，哥伦布强调："我这辈子经历过各种风暴，但是从没有遇到过时间这么久、这么猛烈的风暴！"

对于哥伦布而言，这次经历无疑是他航海生涯里一起谈虎色变的事件，而对于这一片海域而言，哥伦布的故事仅仅是一个开始。

🐳 "罗莎里"号船事件

1840 年，一艘由法国起航的"罗莎里"号船上装载了大批的香水和葡萄酒，以进行航海贸易，当船行驶到今天的古巴附近时失去了联系。数个星期后，人们在当年哥伦布遭遇风暴的北大西洋西部的海域发现了"罗莎里"号船。由于当时海盗猖獗，在这艘船失踪后，人们普遍怀疑是船上昂贵的货物吸引了海盗的注意力，遭到了海盗的打劫。但事实是，船上的货物竟然悉数存在，只是船上所有的船员都失去了踪迹！

🐳 百慕大群岛附近的离奇事件

在之后的一百多年中，发生在百慕大群岛附近海域的失踪事件越来越多。1918 年 3 月，装满矿砂的美国巨型货轮"独眼"号在返程经过此区域时失踪；1945 年 12 月，美军空军第 19 编队的 5 架军机在百慕大群岛附近飞行训练时失踪，这一事件成为这一系列故事中最为著名的一件；1951 年 10 月，一艘巴西的军舰在此失踪；1963 年，"玛林·凯思"号游轮在此失踪……有人统计过，在百慕大群岛附近发生的飞机、轮船失事事件超过 150 次，在一些媒体、作家和影视剧的不断渲染下，各种关于百慕大群岛附近的离奇解析甚嚣尘上，有外星基地说、外星劫持说、黑洞说、海底陨石说、海底金字塔说，甚至还有海怪说、幽灵船说，等等。

● 百慕大三角区

魔鬼三角区

正是因为这些神奇的船只失踪事件，这片由百慕大群岛、波多黎各和美国佛罗里达州南端所形成的近似等边三角形的区域就被冠以了"魔鬼三角区"的称号。这个三角形的边长约2000千米，面积约390平方千米。有趣的是，魔鬼三角区并不是一个规范的地理学名称，它既不是由地质学家或者海洋学家依照各自专业来定义的，也不是早期的海洋探险家发现并命名的。它最早出现在一则报道船只事件的花边新闻中，作者以1945年失踪的美军第19编队的三角形飞行计划为蓝本，在上述海域画了一个三角形，从此，"魔鬼三角区"在各种故事传说中就有了名称。

魔鬼三角区到底有什么秘密呢？跟地球磁场和海洋的物理特性有没有关系呢？

● 魔鬼三角区位置图

自然环境导致

首先是魔鬼三角区的自然环境，魔鬼三角区常年受热带气团控制，飓风是这里的常客，海上龙卷风也不鲜见；这里也是火山、地震的多发地带，海盆、海台、海沟交错，构成十分复杂的海底地形；众多的岛屿、半岛、海峡将流经此处的各大洋流切割重塑，使得许多海域表层流及潜流更加复杂多变，海流势急而深广；马尾藻海域表层又浮着厚厚的一层海藻，大型海藻会缠住船只的螺旋桨造成事故，这一切都对在该区域海上航行的船只和空中飞行的飞机造成极为不利的影响。

🐳 地磁异常

随着卫星观测的发展，不断有数据表明在魔鬼三角区有地磁异常现象。有卫星在通过魔鬼三角区上空时测得磁辐射数据加强，飞离该区域后数据又回归正常，更多的、长期的卫星观测发现，魔鬼三角区所在的南大西洋海域上空的地球磁场出现了"凹痕"，并有逐渐向西北偏离的迹象，有科学家认为这些地磁异常与太阳耀斑、黑子活动相关。事实上，在魔鬼三角区发生的众多异常事件中，并不是每一次的失踪都是悄无声息、不知不觉间发生的，相反，在大多数事件中，飞机和船舶在失事前都发出过求救信号，在他们留下的信息中频繁提到罗盘乱转或者导航失灵，例如，前面提到的哥伦布船队的经历，事后他们发现罗盘指针出现偏离了 36° 的误差，这正是地磁异常的表现。

地球磁场被发现后才有了指南针的发明，海上航行开始使用根据地磁定向的罗盘，这比参照太阳、月亮、星星的位置进行定位准确多了，但误差仍然较大，而且地球的磁场并不是稳定不变的，地壳中的岩石矿物、当地的磁极方向，以及一些地壳变动（如地震）都会引起地磁异常，造成定位失败引发海难。地磁异常也不是百慕大三角区的专属，世界上许多地方都有地磁异常现象，例如，在我国四川省乐山市黑竹沟石门关—荣宏得—罗索伊达一线，就有一条长约 60 千米的地磁异常带，在这一区域使用指南针时会发生较大偏转，最大可以达到 20°，经过大量的科研调查实测，专家们认为这一地区的地磁异常与该地域浅表层中特别的玄武岩成分有关。

随着对磁异常和磁偏离的研究，一些科学家对此深表忧虑，他们担心随着磁偏离的扩大会导致地球表面地磁异常区域越来越多，最终对人类的生活乃至生存产生无可挽回的影响。

● 太阳风对地磁的影响

🐋 地磁场的好处

地磁场在空中为地球撑起一个安全屏障，就像魔幻电影中能阻挡一切攻击的结界，猛烈的太阳风在距离地球 600 ~ 1000 千米处就被地球的外空间磁场阻隔，沿着磁力线滑向两极，形成绚丽的极光。

可以说，如果没有这层磁屏障，地球上的大气早就被太阳风冲刷殆尽，地球上的生命也就无法存活。除了空间磁场，地球内部也存在着磁场，生活在地球上的我们每时每刻都在被地球磁场影响着。

🐋 地磁异常的应用

地磁异常除了会产生罗盘失灵这样的负面影响外，就没有其他可以利用的优势吗？其实不然，人类很善于运用各种现象来为自己服务，在海洋方面也不例外，地磁异常逐渐成为一种帮助我们探测神秘海洋的科考手段。

例如，国家文物局的科学家们就利用磁力设备对海洋中的古船和文物进行考古发掘工作。他们首先使用磁力仪对相关海域进行覆盖式扫测，从中探测到磁异常点区域，然后以探测到的磁异常点为中心，在四周画出一定的范围，再使用其他技术手段进一步缩小范围。可以说正是地磁异常的存在才使得我们"大海捞针"成为可能。

除此之外，磁力探测设备也被广泛应用在海底地形、海洋磁场强度探测等方面。在寻找海底矿产，研究海底地质构造和海底板块形成等方面，地磁异常也发挥了强有力的作用。

所以，我们一定要辩证地看待海洋中的地磁异常现象！自然界神秘的"魔鬼行为"如果被科学技术所破解，也可以成为人类认识自然和改造自然的"利刃"。

🐋 结语

除了复杂的自然环境和地磁异常现象，对于"魔鬼三角区"，科学家们还提出了晴空湍流说、水桥说、次声波说、甲烷气泡说等，每一派的理论都有大量证据支持，人们对于"魔鬼三角区"的认识也逐渐回归理智。在当代公共信息数据近乎透明的背景下，特别是考虑到"魔鬼三角区"正处于北美贸易的热门航道上，经过的船舶、飞机本来就多，海难、空难事件数量多并不奇怪，加之事件多了容易被人为放大，加重了人们的关注度和恐惧心理。统计数据显示，"魔鬼三角区"的失踪、失事事件概率放在整个大洋的时空轴中并不突出，并不明显高于其他热门航道海域，而一些官方调查资料也显示，很多广为流传的故事细节不过是捕风捉影，甚至只是一种"艺术创作"罢了，它们只存在于作者的脑洞中，根本没有被证实。

海洋物理的应用

科学始于人类对于未知的探寻，从一叶扁舟到坚耸的舰群油轮，从郑和下西洋到哥伦布发现新大陆，人类从未囿于有限的自身而放弃无限的星辰大海。如今，在卫星的俯瞰之下，我们能轻易地将整个海洋纳入眼底，即使是世界的深渊马里亚纳海沟也不过是略深的一笔，然而我们真的了解海洋的一切吗？不，我们离这个目标还很远。随着海洋测绘和远洋、深潜科考的发展，我们对海洋的认知越来越丰富，一些旧的谜题被解开，更多新的谜题、新的领域被发现，吸引着无数热爱科学、热爱自然的人们坚定向前。

人类航海史话

自古以来，人们对自己所生存的世界就充满了好奇，而海洋更是一个神秘、奇妙的所在，人类自古就开始了对海洋的探索，而航海一直是海洋探索的重要组成部分。

🦀 人类航海的早期探索

人类航海历史可以追溯到公元前 2500 年的古埃及，古埃及人已经可以使用帆船航海。公元前 4 世纪下半叶，希腊人驾船从现在的法国出发，沿地中海北岸到达大西洋，横跨英吉利海峡到现今英国的大不列颠岛东岸，向北航行到达奥克尼群岛，再向东到达易北河口，这是西方有记载的最早的海上远距离航行。在此之前，地中海上的航行活动已相当频繁，并且常为争夺港口、贸易航道等而发生海战，可见航海在当时就已被用于贸易和军事。

葡萄牙远征船队在船长迪亚士的带领下到达非洲最南端的好望角，此后，绕过好望角到达非洲东岸和亚洲南部，开始了欧亚之间的海上贸易往来。

1487 年   **1492 年 8 月**   **1492 年 10 月**

意大利航海家哥伦布在地圆学说的影响下，得到西班牙国王的援助，率领三艘小帆船从帕洛斯出发，向西行驶，以期能到达印度。

哥伦布到达了现巴哈马群岛的圣萨尔瓦多岛，他以为这就是印度附近的一个海岛，并没有意识到这是一个新大陆。

历史上有名的希波战争发生在公元前 490 年，希腊以数百艘长约 130 英尺的三层桨座舰抵抗波斯舰队。那个时代的航海人员，只掌握了初级的引航技术，即凭对地形、水势的辨认以计远近，观测日月星辰以判方向。因此，轮船的航行不能离海岸太远，以免迷航。当时迷航是非常危险的，轻则找不到回家的航路，重则船毁人亡。

🦀 大航海时代

随着航海技术、造船技术的发展，15 世纪 –17 世纪，迎来了大航海时代。大航海时代，又称地理大发现，是指在世界各地，特别是欧洲发起的跨洋航海活动，这些远洋活动不但促进了地球上各大洲之间的贸易和文化沟通，形成了很多新的贸易航线，还发现了美洲新大陆，绘制了很多的陆地和海洋地图，最终证明了地球是圆的。

意大利航海家亚美利哥与人合作横渡大西洋，到达南美洲的亚马孙河口。他第二次来到这个大陆时，证实了这里不是印度所在的亚洲，而是一个新大陆，所以后人就以他的名字命名这个新大陆为亚美利加洲，即美洲。后来人们才逐渐探清了美洲是由南美洲和北美洲两块大陆及很多岛屿组成的，其中两块大陆之间的群岛仍然沿用了哥伦布发现它们时的称呼，叫作印度群岛，后人为将其与真正的印度相区别，将这些群岛改称为西印度群岛。

1487—1500 年   1519 年

葡萄牙航海家麦哲伦奉西班牙国王之命率领船队从圣罗卡出航，越过大西洋，从南美洲东海岸南下，穿过南美大陆和火地岛之间的海峡（后被命名为麦哲伦海峡），进入太平洋，于 1522 年抵达菲律宾。麦哲伦因故被杀，他的船员于同年 9 月回到西班牙，完成了人类历史上第一次环球航行的壮举。

🦀 航海探索

在航海发展过程中，人们对地球的陆地地貌、海洋地貌有了越来越清晰的认识，绘制的地图越来越准确。为了方便航行，人们把海洋划分为四大洋，包括太平洋、印度洋、大西洋和北冰洋，现在又有人将太平洋、印度洋、大西洋南部靠近南极洲的部分称为南大洋，南大洋与其他三个大洋没有明显的界线。靠近海岸的相对封闭的海域被称为海，例如，地中海、波罗的海、北海等。

航海过程中，人们发现，除了船舶性能外，航海成功的另外一个关键因素是船舶定位，特别是在茫茫的大海上，看不到海岸线，很容易迷航。于是各种航海定位技术被研究和开发出来。第二次世界大战后，航海趋于快速化和自动化，相应的航海技术也有了明显的改进。如今，卫星定位技术、计算机技术、5G 通信技术被广泛应用于航海，使航海变得更安全了。

🦀 中国航海技术的发展

在中国古代，人们普遍认为天是圆的、地是方的，帝王所居之地谓之"中"，"中原"之外谓之"四夷"，包围在中土大地之外的，则是无边无际的海，古人按其方位，称之为"四海"。

汉唐时期，中国的航海技术已十分先进，大河、近海的帆船运输已很发达。

中国在宋代发明了指南针，为中国和世界航海业做出了重要贡献。

1405 年，郑和奉命率领庞大的船队从江苏太仓刘家港出发向东入东海，开始了七下西洋的伟大征程。

郑和历时近三十个寒暑，经过三十多个国家，最远航程到达非洲东岸（现今的索马里和肯尼亚一带）。

郑和所驾的宝船长约 135 米，排水量近 2 万吨，有 12 张大帆，甲板面积相当于一个足球场大小，不但是当时世界上最大的船，在今天看来也是海上的巨无霸级船舶。船队包括各类大小船只达 200 余艘，船工 27000 余人。

可见明代时期中国的航海技术已相当完善，对太平洋和印度洋的洋流、季风、岛屿、暗礁有很清楚的了解，可以熟练地使用天文导航及海洋图，并能科学地使用罗盘定位技术。

中国人也对紧邻的海域进行了命名，由北至南分别是渤海、黄海、东海和南海。以现代海洋科学的观点来看，渤海实际上是黄海的一部分，因此，在文献中有时被称为渤海湾。由于中国文明发源于以黄河流域为中心的中原地区，我国的大部分海域在中原地区的东面，因此，古代所称的东海比今天的东海海域更宽泛，从渤海直到台湾海峡的海都被统称为东海。

今天，我们仍然向往大海，想要在那片蔚蓝中追风逐浪，然而大海并非总是温柔的，即便是装载着最先进的设备，重达万吨、几十万吨的油轮或集装箱货船，也常常在海洋的肆虐之下折戟。我们之所以称台风、海啸、海底火山、地震、内波、海洋黑洞等为海洋灾害，是因为人类在它们面前相当弱小。

知识小卡片

定位 对于航海者来说，时刻知道自己的船舶在大海中所处的位置非常重要。航海定位指的是利用各种技术方法和手段确定船舶的位置。航海定位技术的发展经历了目测、天体（太阳、月亮和星座）定位、雷达定位、卫星定位导航的发展历程，航海定位越来越精准，海上航行越来越安全快捷。

千年航海话造船

　　"两岸猿声啼不住，轻舟已过万重山。"从古至今，船运一直是一种重要的交通运输方式。漓江上感受奇异俊秀桂林山水的竹筏，黄河上领略粗犷壮美西北景观的羊皮筏，秦淮河上欣赏如诗如画江南水乡的游船，这些都是中国古代人民智慧的结晶。科技的进步促进了船舶技术的发展，运河上往来如织的载货驳船、大海上耕海探洋的科学考察船、极地中勇往直前的破冰船、海防上保卫国家安全的水面舰艇和潜水艇等，都是先进的造船技术的体现。造船用到什么物理原理呢？为什么不同用途的船，其形状也大不相同呢？

浮力的大小

　　根据阿基米德定律，液体中的物体受到液体的浮力，浮力的大小等于该物体所排开的液体的重量，方向竖直向上并通过所排开液体的重心。根据这个定律，物体在液体中是漂浮、静止还是下沉，取决于该物体的密度与液体的密度的大小。当物体的密度小于液体的密度时，物体会漂浮在水面上，并且有一部分会露出液面，因为它完全浸在液体中的话所获得的浮力大于它自身的重量；当物体的密度等于液体的密度时，物体会悬浮在液体中的任何地方；当物体密度大于液体的密度时，物体会沉在液体的底部。

建造船舶的目的

　　无论什么船舶，都需要能漂浮在水面上，并且保持平衡稳定，还要能装载货物或者搭载人员，因此必须严格符合浮力的定律。第一，船体要轻，船内空间要尽量大，这样可以保证能排开足够多的水以获得足够大的浮力，增加运载量，因此，在保证坚固的情况下，船的形状都是做成空壳状的，即由船壳包着一个足够大的空间；第二，船在装满货物的情况下整体的重心都跟船排开的水体的重心在同一条垂线上，以保证平衡稳定；第三，为方便作业和装卸，船的上部都是开放的；第四，为减小前进的阻力，船前进方向的横截面，也就是迎水面要尽量小，因此，所有的船都是长条形的；第五，为了减少前进的阻力，船舶的前端部分（叫作船艏，有时也叫"船首"）要做成可以划开水面的形状，并且是流线型的。

🐚 人类造船的历史

人类造船的历史可以追溯到史前的刳木为舟，就是古代人在树干上挖一个槽，树干就成了独木舟。迄今，在一些文明程度不高的荒岛上，还可以看到岛民乘着这种舟到海里或者河里捕鱼。大部分木头的密度小于水，木头本来就可以漂浮在水面上，加上中间的槽，就可以排开更多的水量，其所受到的浮力就更大了，这样便可以坐上一定数量的人或装上一定的货物，并且也不会沉。经历了独木舟和木板船时代，1879 年，世界上出现了第一艘用钢板制作的船，造船进入了钢船时代。钢铁的密度虽然远大于水，但由于钢只用在船的外壳上，内部是空的，排开的水量产生的浮力完全可以装上很多货物，载上很多人。船的承载力，与船的排水量相关。船舶可以排开的水的重量，再减掉船壳和船上的装备的重量，剩下的浮力就是可以运载的货物的重量，也就是船的承载力了。当船的载货量增加时，所需要的浮力也随之增大，需要的排水量也越大；越大的船，排水量越大，承载力也就越大。

🐚 船的动力

除增大船的浮力，减小船前进的阻力外，船要航行还需要有动力。最早的船的动力是人力，人们通过直接推船、用船桨划船等方式，使船获得前进的推力。特别是在逆流而上时，船还需要通过纤夫在河岸上拉纤，把船拉走。随着船越造越大，人力已经不能让船航行得太快太远，逐渐地，风力作为动力被用在了船舶航行上，于是船帆便被发明了出来。最早的船帆发现于公元前 3000 多年的古埃及。船帆就是非常结实的大块的布，展开在船上，风吹船帆，船帆通过挂船帆的桅杆将风力传给船舶，船舶就获得了前进的动力。当风吹的方向正好与船航行的方向相同时，展开船帆，船会航行得远，所以有"顺风船"的说法。当风为侧风时，也可以通过调节船帆的平面方向获得风力，船也能获得前进的动力。但如果前进的方向正好与风吹的方向相反，那就无法借助风力了，只好停航或者使用其他动力。

🐚 船艏的类型

船的阻力，即船舶航行时受到水的阻力，主要有摩擦阻力、涡流阻力和兴波阻力，其中，兴波阻力是由船行进过程中兴起的波浪造成的，作用在船艏。因此船艏类型的选择既要考虑船舶的用途，也需要考虑轮船航行时的各种阻力。船艏的类型主要有五种：直立型艏、前倾型艏、飞剪型艏、破冰型艏和球鼻型艏。

直立型艏

直立型艏主要用于驳船，驳船一般运载货物，包括沙、石等建筑材料和一些机械设备。这类货物大多沉重，体积大，需要承载能力大的船来运输。直立型艏没有采用倾斜的设计，这样就大大增加了船的排水量，使得船的承载力变大。

● 直立型艏

前倾型艏

前倾型艏的优点在于航行过程中浪花不易打到船上，在发生碰撞时，船在水体以下的部分不易受损，大大保证了航行的安全性。

● 前倾型艏

飞剪型艏

飞剪型艏水线以上为曲线，前甲板悬伸增加了甲板的面积，便于在甲板上布置各种设备，一些远洋航行客轮的船艏均为飞剪型。前倾型艏和飞剪型艏看起来都非常简洁美观。

● 飞剪型艏

破冰型艏

破冰型艏的作用是破冰。破冰的方式有两种，当冰层较薄时，利用船头对冰的冲击力将冰层撞碎，采用这种方法时船可以一直前进，因此称为"连续式"破冰；当冰层较厚时，如果采用"连续式"破冰，厚厚的冰层很难被轮船撞碎劈开，如果使用蛮力前冲很容易造成船体损坏，因此采用压碎冰层的方式破冰。

● 破冰型艏

球鼻型艏

球鼻型艏的特点是水线以下船体突出，像大鼻子一样。在一般人看来，这种造型显得非常笨重，但这个大鼻子可以减小航行的阻力。

●球鼻型艏

球鼻型艏在前行的过程中会形成翻滚的浪花，方向刚好与船头行驶产生的浪花方向相反，这样一部分浪花就会相互抵消，使得实际产生的浪花减小。浪花减小后船体受到的波的阻力就减小了。球鼻型艏常见于远洋的海船，还有一些军舰会将声呐置于突出的球鼻型艏内。

18世纪的工业革命，烧煤的蒸汽机被发明了出来。19世纪初，美国建成了世界上第一艘使用蒸汽机作为动力的船，之后蒸汽机迅速被造船厂推广使用。后来，以柴油为燃料的内燃机被发明了出来，也迅速被用到了船舶上。随着动力的不断改进，动力输出和传递的齿轮、螺旋桨等装置也不断得到改进，船舶功率逐步提高。现在的船普遍使用电力和计算机，承载力、航行速度等都得到了很大的提高，油污、噪声等污染也越来越小。

作为四大文明古国，我国的造船业曾经领先世界很长时间。

据考证，郑和在明朝永乐年间七下西洋时，带领的船队中最大的船称为"大福"号宝船，长44丈4尺（约135米），排水量近2万吨，甲板面积相当于一个足球场大小，是当时世界上最大的船，即使今天看来也是海上"巨无霸级"的船舶之一，而且该船上有12张帆，是名副其实的多帆船。郑和船队由数十艘船组成，如此庞大的船队显示了中国明朝时期惊世骇俗的造船水平。

🐉 中国的四大古船

　　闻名遐迩的四大古船，即广船、沙船、福船和鸟船，代表了中国造船业发展过程中的不同的船型。

广船头尖体长，上宽下窄，用铁力木制成，远比福船结实坚固，船帆宽大，更适合远航。

沙船为平底、方头、方艄的海船，是我国最古老的船型，适合在水浅多沙的航道上航行。

鸟船从出现距今已有近千年的历史，因其船艄形似鸟嘴而得名，也是木帆船，其船头眼上方有条绿色横眉，故也被称为"绿眉毛"。

福船是一种尖底木帆船，动力为风帆，船体为木质，郑和下西洋的船队所用的就是福船，福船可以远海航行，也可以做战舰。

　　四大船型各有优点，用途多样，在我国古代造船业发展过程中均起到了重要作用。

　　新中国成立以来，中国造船业突飞猛进，陆续制造出了核潜艇、"远望"号测量船，批量建造了远洋货轮等。进入 21 世纪的 20 多年，中国在深海考察能力建设方面也取得了令人瞩目的成就，"蛟龙""深海勇士""奋斗者"等载人深潜器、"发现""海龙"等遥控无人潜水器（ROV）、"潜龙"等水下机器人，以及多艘现代化的海洋科学考察船相继下水启用，获得了大量的深海新发现。这样的成就不但让中国在国际上取得了深海科学考察、深海环境保护和深海资源合理利用的话语权，也激励了中国人开展深海科学考察和研究的信心。

> **📢 知识小卡片**
>
> **阻力** 妨碍物体向前运动的作用力。

海底隧道建设中的物理秘密

进入 21 世纪后，得益于经济的高速发展和基建工作者的艰苦努力，我国的交通基础建设能力和水平在世界已处于遥遥领先的地位，如高铁技术。为适应新时期经济发展的需要，中国的基建将目光投向了大海。为使海湾、海峡两侧的交通更加便利，节省运输成本和时间，中国已建成多座跨海大桥，实现"天堑变通途"。

建造海底隧道

跨海大桥会受到海上恶劣天气的影响，而且对水面通航、海流动力及海洋生物都会产生很大的负面影响。借助于陆地隧道的交通发展思路，能否在海底建造隧道，发展海底交通呢？工程师们不仅想到了，而且做到了。截至目前，我国已在厦门、青岛、香港、汕头等城市和香港—澳门—珠海等城市间建成海底隧道，并且还有多条海底隧道正在规划建设中。

不同于陆地上的隧道，海底隧道的建设十分困难。首先，海洋的水体会对海底产生压力，水越深，海底所承受的压力就越大，海底隧道需要克服的压力也就越大，并且这种压力是持续性的，再加上海洋的水体并不是静止不动的，存在着大大小小的海流，海洋水体的流动会使海水对海底的压力产生变化，由此产生的问题也就越复杂。其次，建设海底隧道对海床的地质情况有很高的要求，在建设前、建设中、运营期要不断地对海底地质情况进行检测、监测和评估。

修建海底隧道的四种方法

　　目前修建海底隧道最常用的方法有四种，分别为钻爆法、沉管法、掘进法和盾构法。

钻爆法，顾名思义，就是在海底岩体上钻孔、填装炸药，然后通过爆破炸开岩石，将岩石运出。我国的厦门翔安海底隧道、青岛胶州湾海底隧道和厦门海沧海底隧道都是采用钻爆法施工建成的。这种建设方法适用性很强，与在陆地上的山体中建设隧道相似，但风险却是巨大的。用钻爆法施工，对于海底地质情况的依赖性很强，需要非常精准的勘探，遇到断层地带，施工的危险性会陡然增加。国外在建设隧道时就因为爆破作业计算不准确而出现过可怕的涌水事故，例如，日本青函隧道在施工中遇到了断层地段，曾发生 4 次涌水事故，造成 33 人死亡，1300 多人受伤，损失惨重。

掘进法，是利用大型的机械钻头，将岩石切割、挤压，达到破碎的目的，然后将碎石运出隧道。这种方法适用于土质坚硬的岩石环境。青岛地铁 1 号线海底隧道就是用掘进法建设的。青岛地铁 1 号线海底隧道全长约 8.1 千米，其中在海底段长约 3.49 千米。

观光隧道

可能有人会问，在海底隧道中能看到游来游去的海洋生物吗？

用来通车而建设的海底隧道和海洋馆里用于观赏海洋生物的观光隧道是完全不同的。海底隧道中的车辆是在海洋底部岩石层中的通道中通行的，通道通常在海底以下十几米甚至几十米深的地层里，即使用预制的钢筋混凝土沉管建成的隧道，也隔着厚厚的钢筋混凝土管壁，只有这样的构造才能对抗来自海水的巨大压力。

沉管法，是在海底进行隧道铺设的一种方法。事先制备好一节节两端封闭的钢壳混凝土管道，并在海底铺设好地基。由浮运安装船将预制好的管道运到海面指定位置，并一个个下沉安放在打好的地基上，再将沉管密封、连接起来。为防止漏水，管道铺设过程需要毫米级精准度，犹如在海底进行穿针引线，所以此方法适用于水流不湍急的海域，以保证浮运安装船固定在同一位置。我国著名的港珠澳大桥有 6.7 千米的海底隧道段就是利用沉管法在海底铺设了 33 节沉管，安装时最深的地方超过 40 米。港珠澳大桥的海底隧道段是目前世界上建设规模最大的沉管隧道。

盾构法和掘进法相似，利用巨大的盾构机建设隧道。但实施盾构法的机器主要适用于软岩和软土。盾构法最大的特点是能够边挖掘边形成隧道结构。盾构机自带防隧道渗水功能，在挖掘推进的同时，通过盾构外壳和拼装的混凝土管片支撑四周，防止发生隧道内坍塌事故，可以说是一种全机械化的隧道挖掘方法。

在海底隧道的建设过程中，采用哪种方案进行建设，要根据地质、水文等情况进行科学评估后决定。在建设过程中也要持续勘探地质和水文情况，随时评估风险。

因此在海底隧道中绝对看不到海洋水体，也就看不到游来游去的海洋生物。而水族馆观光用的透明隧道上方的水体很浅，压力不大，观光隧道的强度足以支撑上方的水体。

随着基建技术和材料技术的进步，相信总有一天，我们能够建造出既能通车，又能观赏海底景观的海底隧道。

●观光隧道

海上遇险如何自救

　　提到鲁滨逊，大家一定都不陌生，他是作家丹尼尔·笛福笔下的一位探险家，因为航行过程中遭遇风暴而不得不流落荒岛。在荒岛上，鲁滨逊依靠坚强的意志、强烈的求生欲望、智慧的头脑和勤劳的双手劳作生息，艰难地生活了 27 年，最终回到了英国。在这个过程中，他从野人手里搭救了一个人，并为其取名"星期五"，还搭救了一位被船员背叛的船长，最后他们三人一起离开了荒岛。

现实世界中的鲁滨逊

　　鲁滨逊的故事是笛福以真实事件为蓝本创作的，而那个真实事件的主人公叫亚历山大·塞尔柯克。1704 年 9 月，作为水手的苏格兰人亚历山大因为和船长发生争吵而被船长遗弃在大西洋中，他独自在荒岛度过了 4 年零 4 个月的时光，最终被伍兹·罗杰斯船长搭救，回归人类社会。

　　亚历山大在自传中，详细描述了他在孤岛上的生活：居住方面，亚历山大用树木搭建了两间茅屋，屋顶盖着茅草，屋里铺着狍皮，为了记录时间，他每天在门框上砍一道作为日期的记号；食物方面，他从扔在岸上的破船板中找来钉子做鱼钩，用棕榈纤维做成钓丝钓鱼；另外，他还在岛上采集到野李子、野萝卜和野辣椒，又驯养了几只狍子，从它们身上取得了奶，并制作了奶酪和奶渣。

正确使用救生衣

　　当我们登船航行时，一定要仔细了解船只。要确认救生衣的位置，特别是自己舱室内的救生衣位置，这样可以在发生危险时的第一时间确保有救生衣可以取用，救生衣在海上是最简单便捷而有效的救生工具！值得注意的是，在穿戴救生衣时，一定要将救生衣的腰带绕过卡扣绑在身上，这样才能保证在落水时，救生衣紧紧包裹着我们，使我们漂浮在水面上，不然风浪很容易把救生衣从我们身上吹跑、掀翻，这是十分危险的！

●救生衣

遇险自救方法

无论是鲁滨逊还是亚历山大，他们的故事无疑都是传奇，从他们的故事中，我们体会到了生命的坚韧和顽强，也不免让我们陷入沉思：如果我们也在海上遇到了危险，该如何自救呢？

以正确的姿势及时跳船

如果船只失火或即将沉没时，及时跳船很有必要。不过，跳船并没有我们想象的那么简单，反而是充满危险的！这是因为地球引力的存在会使我们在下落过程中不断增加速度，入水后，因为水的阻力，速度急速衰减，这样可能会导致身体受到伤害，甚至使我们昏厥！水的冲击可能导致我们骨折或视网膜脱落；如果脊椎或后脑率先击打水面还容易引发脑震荡或昏迷，甚至危及生命。

● 甲板上的救生圈

迅速到达救生甲板

一定要记住从舱室到甲板的路线，特别是救生甲板，因为救生圈和救生艇等救生设备一般都装载在救生甲板上，把握时间以最快的速度及时到达救生甲板上做好逃生准备是十分重要的！

所以，跳水时一定要注意采取正确安全的姿势！正确安全的姿势是这样的：用右手捂住口鼻，防止落水时吸入海水而引起呛水或窒息；用左手紧紧护住胸前的救生衣，双臂下压，贴近身体，以减少和水体的接触面积，减轻水体对双臂的冲击力；坠落中，两腿伸直，夹紧并拢，保持这种姿势不变，直到落入水中。另外，跳水前要先观察即将落入的水面是否有尖锐物体、漂浮着的硬物或人，防止造成二次伤害。

● 跳船姿势

🐾 注意保温

当遇到险情，只能漂浮在海上时，特别需要注意保温。温度意味着热量，人类是恒温动物，在不同温度下的生存时间是不同的。即使在夏季，海水水温通常也低于人体体温，而水的比热容在常见物质中是最大的，在海水中人很容易散失热量，所以一定要做好体温和体力维持的工作。在弃船前，尽量多穿保暖的衣物，最好用可以防水的衣服将自己包裹起来，扎紧袖口、裤管口，尽量避免海水浸入；落水后，不要做不必要的游泳运动，游泳是一项耗能很大的运动，当我们不确定何时能够被搭救时，应尽量保存体力，等待救援；如果同时落水的还有其他人，应尽量集结在一起，抱团等待救援，因为很多人围在一起可以减少热量散失，并能相互取暖，一起漂浮还可以节省体力，人多，目标也更大，更容易被搜救队伍发现！

🐾 点亮救生灯具

发送求救信号十分重要。救生衣上一般会配备有救生灯具，在夜间点亮这种灯具有利于其他人和船只发现目标，进行搭救。另外，船上一般配备有红光火焰和橙色烟雾信号，使用这些信号设备在白天和夜晚都能够散发带颜色的浓烈烟雾，帮助我们向离得近的船只发送求救信号。当我们搭乘救生艇在海面漂泊时，救生艇上配备的红色降落伞火箭可以帮助我们向更远的地方发射信号。现代通信设备和仪器也可以帮助我们更快地获得帮助，例如，卫星应急示位标可以将我们船只的坐标通过卫星传送到搜救中心；雷达应答器可以发出雷达信号，向周围船只不停地发送求救信息；防水的手机和卫星电话也可以在危急时刻让我们及时将信息传递给救援人员！

表 水温与浸于水中的人可能存活的时间

水温	浸于水中预期可能存活的时间	水温	浸于水中预期可能存活的时间
低于 0 摄氏度	少于 1/4 小时	低于 2 摄氏度	少于 3/4 小时
2~4 摄氏度	少于 1.5 小时	4~10 摄氏度	少于 3 小时
10~15 摄氏度	少于 6 小时	15~20 摄氏度	少于 12 小时
超过 20 摄氏度	不定（视疲劳程度而定）		

积极求生

如果遇险后没有及时被搭救，流落荒岛的话，就一定要学习亚历山大的求生经验，不退缩、不气馁，积极储存淡水，收集和捕获食物，保持一颗勇敢和顽强的心。智慧和勇敢才是活下去的动力，气馁和放弃只会让我们更快地被淘汰。

海洋独一无二的魅力吸引着我们去探索，但我们必须知道，大自然是需要敬畏的！对海洋保持敬畏之心，在海上作业或旅行时做好充分的准备工作，遇到危险沉着应对，是我们与海洋和谐相处的前提。

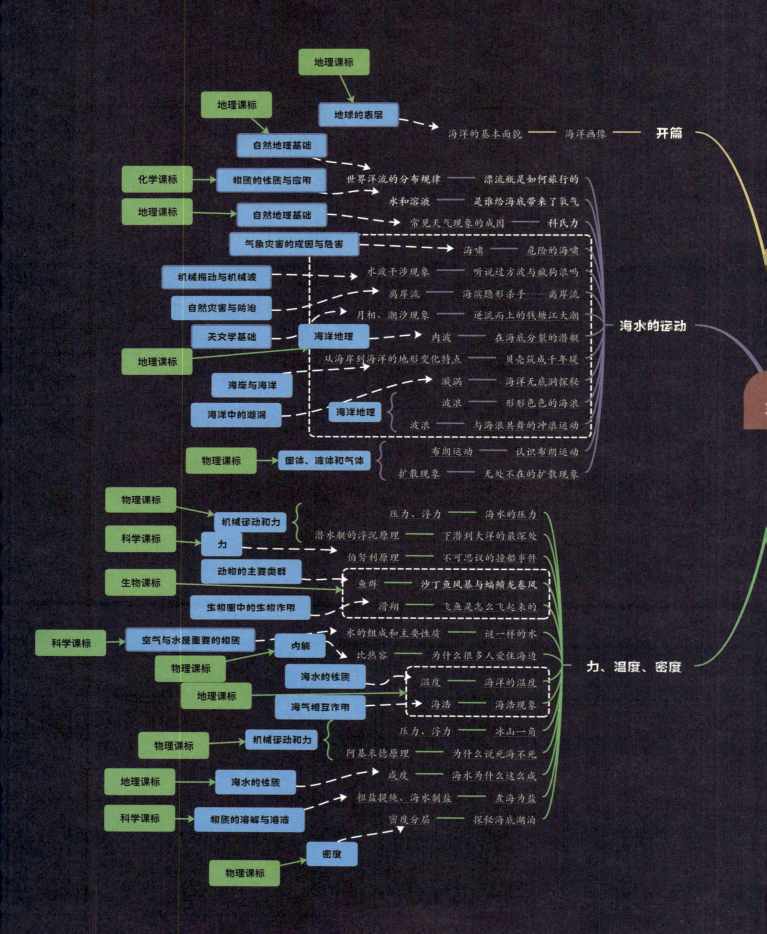

地理课标

地理课标

地球的表层 → 海洋的基本面貌 —— 海洋画像 —— **开篇**

化学课标 → 自然地理基础

物质的性质与应用 → 世界洋流的分布规律 —— 漂流瓶是如何旅行的

地理课标 → 自然地理基础 → 水和溶液 —— 是谁给海底带来了氧气

常见天气现象的成因 —— 科氏力

气象灾害的成因与危害 → 海啸 —— 危险的海啸

机械振动与机械波 → 水波干涉现象 —— 听说过方波与疯狗浪吗

自然灾害与防治 → 离岸流 —— 海滨隐形杀手 —— 离岸流

天文学基础 → 海洋地理 → 月相、潮汐现象 —— 逆流而上的钱塘江大潮

地理课标 → 内波 —— 在海底分裂的潜艇 **海水的运动**

从海岸到海洋的地形变化特点 —— 贝壳筑成千年堤

海岸与海洋 → 漩涡 —— 海洋无底洞探秘

海洋中的漩涡 → 海洋地理 → 波浪 —— 形形色色的海浪

波浪 —— 与海浪共舞的冲浪运动

物理课标 → 固体、液体和气体 → 布朗运动 —— 认识布朗运动

扩散现象 —— 无处不在的扩散现象

物理课标 → 机械运动和力 → 压力、浮力 —— 海水的压力

科学课标 → 力 → 潜水艇的浮沉原理 —— 下潜到大洋的最深处

伯努利原理 —— 不可思议的撞船事件

生物课标 → 动物的主要类群 → 鱼群 —— 沙丁鱼风暴与蝠鲼龙卷风

生物圈中的生物作用 → 滑翔 —— 飞鱼是怎么飞起来的

科学课标 → 空气与水是重要的物质 → 内能 → 水的组成和主要性质 —— 这一样的水

物理课标 → 比热容 —— 为什么很多人爱住海边

海水的性质 → 温度 —— 海洋的温度 **力、温度、密度**

地理课标 → 海气相互作用 → 海浩 —— 海浩现象

物理课标 → 机械运动和力 → 压力、浮力 —— 冰山一角

阿基米德原理 —— 为什么说死海不死

地理课标 → 海水的性质 → 盐度 —— 海水为什么这么咸

粗盐提纯、海水制盐 —— 煮海为盐

科学课标 → 物质的溶解与溶液 → 密度分层 —— 探秘海底潮泊

密度

物理课标

有理
的物理

声、色和电磁

其他

海洋里的洪钟大吕——座头鲸——声波
来自大洋深处的声音——声波
海的颜色——光的折射现象
来自海底生物的光——生物光
深海动物的流行色——可见光
为什么会泾渭分明——水质检测
指路的灯塔——信号
水中高压线——电鳗——电流、电压
弱电流也有大作用——生物电
谈谈海浪发电——发电
海洋中的"磁"——地磁场

人类航海史话——定位系统
千年航海话造船——阻力
海底隧道建设中的物理秘密——隧道
海上遇险如何自救——水中自救

物理课标

声音的特性
声和光

生物课标

科学课标

光与光合作用

声音与光的传播

化学与社会

化学课标

电磁波与信息化社会

电路及其应用

物理课标

细胞的基本功能

生物课标

电和磁

磁场

物理课标

物理学与信息技术

杠杆的平衡条件

物理课标

工程

科学课标

自然灾害与防治

地理课标

后记

关于"万物皆有理"

《万物皆有理》系列图书是众多科学家和科普作家联手奉献给青少年朋友的一套物理启蒙的科普读物，包括海洋、天体、地球、大气以及生活五部作品。

2020 年初，电子工业出版社的编辑吴宏丽约我写一部适合小学高年级和初中生阅读的物理科普图书，意在激发小学生对物理的兴趣，更好地衔接中学物理课程。我觉得这个想法非常好。

青少年学好物理不仅是为了学好一门课程，更重要的是能增长看世界的能力，能提出更多的为什么，这对他们未来的发展非常重要。

但是，这样的作品写起来也相当有难度。

我是一名专业作家，也是中国科普作协的一名理事，一直从事少儿科学文艺创作及其理论研究，出版过几百万字的作品，如长篇科学童话《酷蚁安特儿》系列、绿色神话《骑龙鱼的水娃》系列，以及科幻童话《我想住进一粒尘埃》等。基础物理科普并不是我的创作方向。但是，这个选题却触动了我多年来的一个心结。

前些年，我在全国各地中小学进行科普讲座期间，经常会听到孩子和家长提出这样的问题：市面上那么多科普书，为什么适合小学生的书那么少？家长如何为孩子选购科普书？怎样辨别书里知识的正误？孩子不喜欢物理课怎么办？孩子们为什么没有科学想象力？

这些问题让我产生了一个强烈的愿望：市面上能有更多更好的、适合中小学生阅读的、具有科学启蒙性的作品出现。这些作品能帮助孩子们提高学习兴趣，又使其不被课堂知识束缚想象力。

经调研发现，在各种各样的科普作品中，适合中小学生阅读的精品科普图书不多的主要原因有三个：一是对受众的针对性研究不够，不能有的放矢；二是内容的科学性不强，不能获得读者信任；三是文字的可读性不够，不能做到深入浅出。

为什么会出现这些问题呢？

因为科普创作是一门需要文理双通的学问，想写好不容易。例如，有的科学家写科普缺乏深入浅出地讲故事的能力，而科普作者又存在科学知识视野不够等问题。

针对这些问题，我们采取了三项措施：一是邀请众多科学家参加创作，以保证科学性，我们先后邀请了中科院的高登义、苟利军、国连杰、李新正、魏科、张志博、申俊峰等不同领域的科学家，以他们为核心组成创作团队；二是由科普作家对创编人员进行科普创作方法培训，以解决可读性问题；三是全员参与研究中小学的物理知识范围，让知识的选取和讲述更有针对性。

尽管如此，创作过程还是非常艰辛的。因为我们要求作品不仅能深入浅出，有故事性，还要体现"大物理"的概念。也就是不仅要传递物理知识和概念，把各种自然现象用物理原理进行诠释，还要将科技简史、科学思想、科学精神和人文关怀融入其中，让小读者们知道：千变万化的大自然原来处处皆有理；人类在追求真理的路上，是如此孜孜不倦且充满奇趣；还有很多的未解之谜有待揭示。

针对《万物皆有理 海洋中的物理》，第一作者李新正研究员与主创团队人员在研读初中《物理》课本的同时，多次与青岛市青大附中、实验初中的初中生和文登路小学高年级小学生进行沟通交流，发放"你所感兴趣的海洋中的物理现象"等调查问卷，深入了解小学高年级和初中这个年龄段的青少年对海洋中的物理的了解程度、感兴趣的海洋物理现象、急于知道的物理知识点等，并根据多年从事海洋科学调查研究中遇到的和特别想让孩子们知道的海洋物理现象、物理过程进行研讨，与丛书主编和出版社编辑多次沟通，制订出撰稿提纲，落实创作人员，并对作品进行反复修改与完善。目的就是希望能够为对海洋充满想象、对海洋科学充满憧憬的青少年奉献一本实用的海洋物理科普读物。

感谢电子工业出版社对我的信任，他们心系青少年科普事业的情怀让我感动，从而让我愿意花费大量的时间和心血来主编这套作品。

科普是一种教育。

一部优秀科普作品对孩子的影响，有时是不可估量的。我们的创作初心是寓教于乐，扎扎实实地做好基础科普，希望能让孩子们在畅读的过程中，不仅能收获知识，也能接收到科学精神和人文素养的熏陶。

由如此众多的科学家与科普作家联手创作的作品，还是非常少见的，为解决科学性和趣味性融合难题做了一次很有意义的尝试。当然，尽管大家努力做到最好，在某些方面也难免不尽如人意，甚至存在错误。我们欢迎批评指正，共同为青少年打造出更好的作品。

霞子